U0160761

宋茶

风雅与腔调

周重林 著

中华书局

图书在版编目(CIP)数据

宋茶:风雅与腔调/周重林著. —北京:中华书局,2023.8
(2024.8 重印)
ISBN 978-7-101-16245-5

Ⅰ.宋… Ⅱ.周… Ⅲ.茶文化-研究-中国-宋代
Ⅳ.TS971.21

中国国家版本馆 CIP 数据核字(2023)第 104248 号

书　　名	宋茶:风雅与腔调	
著　　者	周重林	
责任编辑	林玉萍	
封面设计	朱星海	
责任印制	管　斌	
出版发行	中华书局	
	(北京市丰台区太平桥西里 38 号　100073)	
	http://www.zhbc.com.cn	
	E-mail:zhbc@zhbc.com.cn	
印　　刷	北京盛通印刷股份有限公司	
版　　次	2023 年 8 月第 1 版	
	2024 年 8 月第 3 次印刷	
规　　格	开本/880×1230 毫米　1/32	
	印张 9½　字数 150 千字	
印　　数	8001-11000 册	
国际书号	ISBN 978-7-101-16245-5	
定　　价	69.00 元	

目
录

前言　点茶艺术的消亡与复兴

　　在宋代，朝野上下市井走卒都在喝茶。士大夫送茶成风，不少人以"惠茶""寄茶"为诗歌主题，比如黄庭坚就有《双井茶送子瞻》《谢王炳之惠茶》。欧阳修、蔡襄、苏东坡等文士都把茶写进他们的诗文中。

　　宋代文士写茶的数量，据黄杰在《两宋茶诗词与茶道》中的统计，《全宋诗》收录茶诗4503首，诗人836位；《全宋诗订补》增加茶诗34首，诗人21位；其他书如《宋代禅僧诗辑考》等书里还有一些茶诗；作者自己又找到3首，共得茶诗词4893首，诗人1059位。诗词网统计的宋代诗人有7868位，差不多每七个人就有一个写有茶诗词，每人平均创作四首。

　　宋代不仅有数量众多的茶诗，还出现了对茶诗的评价，体现出点茶艺术的完整性。有人点茶，有人写作诗文评价点茶，有人评点这些诗文，一条鉴赏链便形成了。胡仔的《苕溪渔隐丛话》便从欧阳修与苏轼的茶诗中读出了"宋茶三不点"的审美，之后更是有了众多的茶诗评价。

　　令人吃惊的是，有一回因为宋代京城内外使用水磨"供给食茶"，汴河河水"止得五日闭断"。水磨原本是用来磨面的，但随着食茶之风的盛行，京城出现了上百家专门磨茶的水磨坊。高瑄教授利用《文渊阁四库全书》电子版的全文检索功能调查发现，"水磨"在《宋史》上出现的频率为历代最高，为58次，而在《旧唐书》与《新唐书》一共只出现了5次。

当然，真正令人惊叹的还是茶道艺术。宋朝人对生命与生活充满了热情，涌现出很多诗人、思想家与生活家，创造了丰富的物质文明与精神文明。斗茶艺术无疑是其中较为引人入胜的，从皇帝、大臣到黎民百姓，斗茶的风习几乎席卷所有人。

现在许多茶馆的陈列物中经常可以看到宋徽宗《听琴图》的复刻版，宋徽宗端坐在那里，安静地弹琴。这幅画代表了中国人心中近乎梦幻一般的东西，第一回有一个皇帝以一个艺术家的身份与大臣们坐在一起交流分享。

宋徽宗爱喝茶，还自己上手点茶，蔡京喝过徽宗的点茶后，评价说水平颇高。在这之前有皇帝下场点茶吗？即便是在以宠文臣闻名的宋仁宗时代，才子众多，群星灿烂，皇帝与臣子亲近，也不过是赐茶而已。只有宋徽宗走下龙椅，端起茶碗亲自点茶。

宋徽宗的点茶法被今人总结为"七汤点茶法"，立意上取卢仝的"七碗茶歌"，内容上迭代陆羽的"茶之煮"，体现出极为高超的技术与艺术水准。七汤点茶法讲究茶与水的融合，精细、精致、精彩，独创了一个属于点茶的明亮世界。

宋徽宗《文会图》是另一幅在今天被广泛运用的茶画。

那是一个天气晴朗的初夏午后，没有风，天气有些微热。年龄最小的茶童，把汤瓶放进茶盆的时候，不小心把热水洒落，一个大人双手端着茶盆在一边冲他一顿数落，小童便气嘟嘟地倒了一碗白开水，坐到一边咕噜咕噜地喝起来。大人也乘机发问，温度怎么样？他右边的小童正在小心翼翼地从茶罐里舀茶末，他的面前已经分好了两份茶末，还有四个空着的黑色盏托。烧水的小童在认真候汤，这是技术活，容不得马虎。弯腰整理茶渍的小童，手里的茶巾加快了节奏，宴会那边的琴声已经停下来。

一旦站着的官人入座，茶会就正式开始了。这些放好了茶末的茶盏要送到宴会桌上，每一位嘉宾座位前都摆放了点茶用的茶匙，一场斗茶大戏就要徐徐展开，他们在等人送上汤瓶与茶末，也在等"天下一人"的口令。

大槐树底下还有一位离座的白衣人，他在指挥仆人去撵知了，这无边的聒噪阻挡了琴声的流淌。柳树下弹琴的人已经回到宴会桌前，在侧身接受听者的反馈。另一位则刚刚起身，拿着乐器正准备表演。他看向对面那个独坐的人，那人向他挥手示意，可以开始表演了。

独坐人的两侧各有四个座位，他对面有两个座位。昔日唐太宗有十八学士，今日宋徽宗有十学士。

今天，他们谁的点茶技术更高一筹？

文会，会是聚集在一起的意思，选了日子，大家坐在一起听琴，一起喝茶，一起聊天。

在宋人看来，探寻生命的意义令人神往，但不是非要得出一个结果，在这个探索过程中体悟生命、体悟美，就足够了。过程被赋予了某种意义，饮茶不再只是一种消遣行为，而是一种自我实现的途径。

饮茶行为也被高度仪式化，择时、选景、挑人，时间不对不喝茶，景色不好不喝茶，来的人不对不喝茶，来的人也要将自己的才华悉数展示：焚香、绘画、弹琴、著棋、写字、作诗、分茶。

欧阳修记录了他与范仲淹等人谪迁后的饯行宴，没有失宠后的低落，没有离别的忧伤，文字所到处皆是欢声笑语，有人写书法，有人弹琴，有人烹茶，有人吟诗，来者无南郭先生，每个人都有拿得出手的才艺。那个时候，蔡襄是以诗人的身份出现，而为他们烹茶的是薛仲儒。

在宋代，茶道是非常重要的艺术修养，与著棋、书法与弹琴并列。宋人向子諲（yīn）为赵总怜写词时，特别强调赵总怜有四艺：著棋、写字、分茶与弹琴。他在《浣溪沙》写道："艳赵倾燕花里仙，乌丝阑写永和年，有时闲弄醒心弦。茗碗分云微醉后，纹楸斜倚髻鬟偏，风流模样总堪怜。"

宋人吴自牧在《梦粱录》中介绍"四司六局筵会假赁"

提到俗谚云："烧香、点茶、挂画、插花，四般闲事，不宜累家。"

扬之水在《"琴棋书画"图演变小史》里考证，"琴棋书画"四事合成经历了数百年的时间，风气肇始于宋代宫廷。王明清在《挥麈录》中提到，皇宫会宁殿有八阁东西对列，每阁各具名称，分别是琴、棋、书、画、茶、丹、经、香。宋高宗以雅文化怡情养性，并让人在宫廷教授相关技艺，宫女的基本修养全在"八术"。

《大金国志》里讲，完颜亶（熙宗）自幼聪慧，跟着父亲南征中原，花很大心力学习儒教，后来"能赋诗染翰，雅歌儒服，分茶焚香，弈棋象戏，尽失女真故态矣"。后来的完颜亶，"宛然一汉户少年子也"，身上完全没有"女真"人原本的样子了。

茶文化的流布，每融合进一个民族，就会使这个民族的文化更丰富，这是中华茶文化的魅力。

元人沿袭宋人的精致生活，诗词歌赋与茶道被视为汉文化的重要象征。

分茶是元代公子哥儿的日常技能。关汉卿的《一枝花·不伏老》里有吟唱："愿朱颜不改常依旧，花中消遣，酒内忘忧。分茶攧竹，打马藏阄；通五音六律滑熟，甚闲愁到我心头？"

明清之后，点茶技术已经失传。清初毛奇龄读到"茶筅"

时，居然都不知道这个物品是用来干嘛的。他只能在前人的咏物诗中猜测其用途。造成这种现象的一个主要原因是，明代朱元璋废除了唐宋以来的团形紧压茶，团茶变成散茶后，带来瀹茶法的兴起，点茶法逐渐退出舞台。今日中国流行的饮茶法，即肇始于明代。

不同阶段的茶叶形态出现变化，茶道艺术家相应地在茶器上面做了革新，泡法自然会出现变化。

点茶这种雅，这种美，现当代以来已经很少有人能欣赏了。

陆游《临安春雨初霁》中的"小楼一夜听春雨，深巷明朝卖杏花"流传甚广。这首诗，可以带我们重返宋代的现场，重温那一碗碗茶：

> 世味年来薄似纱，谁令骑马客京华？
> 小楼一夜听春雨，深巷明朝卖杏花。
> 矮纸斜行闲作草，晴窗细乳戏分茶。
> 素衣莫起风尘叹，犹及清明可到家。

由于宋代距今年代较为久远，当时的主流饮茶法已经失传，为宋诗做注的人不懂"分茶"艺术的很多。知识分子对分茶无感，是因为这样的茶生活与自己没有什么关系。

陈寅恪在《元白诗笺证稿》中引用过陆游的这首《临安

春雨初霁》，他说世人习诵，不用多余的解释，读得懂是自然而然，直接跳过了茶的部分。

朱东润为"晴窗细乳戏分茶"中"分茶"做的注解是："把茶分等。"

程千帆对"分茶"的解释是：分茶是宋人饮茶时的一种游艺，今已失传。

张颢瀚在《古诗词赋观止》里赞同程千帆的说法。

叶嘉莹主编的《四季读诗》里解释：分茶，宋时烹茶之法，陆游做着写字烹茶的闲事，却仍然生出了白沙在涅的忧惧和早日还家的愿望。

袁行霈注《千家诗》里介绍：分茶是沏茶的一种技艺。

袁世硕主编的《历代文学作品选》里解释：分茶是宋朝人流行的茶道，此处可理解为品茶。

钱仲联说："分茶，宋人泡茶之一种方法，即以开水注入茶碗之技术。杨诚斋《澹庵座上观显上人分茶》云云，可想象其情况。"

康保成、李树玲选注的《关汉卿选集》里解释：分茶，古代勾栏里的一种茶道技艺。

许政扬的《宋元小说戏曲语释》里"分茶"条说："分茶"就是烹茶、煎茶。

陈祖美、宋红主编的《中华好诗词：唐宋诗词名家精品类编》里，认为分茶就是品茶。

而一个被广泛引用的例子是钱锺书为"分茶"所做的注释。钱锺书在1958年版的《宋诗选注》里对"分茶"解释为"鉴别茶",这是用了宋徽宗在《大观茶论》里的词语,鉴别茶的好坏。1989年再版,钱锺书更正了说法,把"分茶"解释为宋代流行的一种"茶道",并引用王明清《挥麈后录余话》、杨万里《诚斋集》、宋徽宗《大观茶论》为证,并借用黄遵宪《日本国志》说出日本点茶"同宋人之法"。但钱锺书个人不太看得上日本茶道,而对立顿的袋泡茶情有独钟。

扬之水在《两宋茶事》里认为,钱锺书后来对"分茶"的解释,更符合宋代分茶的定义,她还进一步指出,在宋代,不同时期对泡茶有分茶、点茶、茶百戏等各样叫法,但所指都是点茶的技术层面。

沈冬梅在《茶与宋代社会生活》里,认为分茶与点茶是两种茶汤呈现技艺,分茶也被叫作茶百戏,类似于书法中的吹墨,但更难掌控,无迹可寻;点茶则因为有《大观茶论》记载的具体技法,更容易呈现与理解。

托名在陶谷名下的《荈茗录》记载了一种茶百戏:"近世有下汤运匕,别施妙诀,使汤纹水脉成物象者,禽兽虫鱼花草之属,纤巧如画,但须臾即就散灭。"茶百戏不像北苑贡茶留下众多图纸与模型供后人复刻,当下世人对茶百戏的兴趣,大多联想到咖啡拉花。如果沿着分茶是水上丹青的思路,那么考验分茶人的就是绘画与书法的功夫,而不是与茶技相关的功夫，所以在我看来，更倾向于所谓的茶百戏不过是在点茶行为中偶尔闪现的某些浮光掠影的景象，看起来像飞禽走兽而不是说把飞禽走兽画上去。把书法绘画这样的形式表现在茶汤上，自然不会是蔡襄、苏轼、宋徽宗等书法大家所会干的事，他们更加强调点茶带来的另一种艺术愉悦。

再以李清照的词句为例。俞平伯在《唐宋词选释》里，为李清照的"豆蔻连梢煎熟水，莫分茶"注释时说：分茶意是不沏茶喝。将茶叶制成小饼，掰开用之。唐时煎烹，后改用沏。"分茶"亦云"布茶"，是沏茶的一种技巧，屡见于宋人书中，如曾几、杨万里诗，向子諲、陆游词，蔡襄《茶录》，王明清《挥麈后录余话》等，有所谓"回环击拂"，所饮仍是浓茶。古今事异，其详难知。易安此句，译以"不沏茶"，或近之。

另一个例子是，研究苏东坡的书里大部人都会谈到琴棋书画，但有酒无茶，我很是不平，苏东坡一生中写了近百首茶诗茶文，茶已融入他的生活，为什么大家对他的茶生活只字不提？

琢磨起来只有一个理由，这些研究者对茶生活并不敏感，他们自己要么不喝茶，要么对茶没什么研究。这几年情况略有改变，关于苏东坡与茶的研究者越来越多。或许研究者只有把自己的热爱代入其中，读者才能感同身受。

现在我们得知，在宋代至少有三种泡茶方式并存：煎茶法（唐代流传下来的泡茶法，就是把茶注在锅里，再加点盐巴之类的东西）、点茶法（宋代盛行的泡法）、瀹泡法（泡叶子喝茶水，明清以后一直延续，是如今的主流泡法）。但"点"才是宋茶的灵魂与精髓，是宋茶与唐茶、明茶的主要区别，是由茶具带来的独到艺术，就像笔墨纸砚带来书法与绘画一般，这种独有的艺术才令人有创造的快感与灵思，也才能吸引那么多人如痴如醉。

1998年，我在云南大学中文系学习，钱锺书、朱东润、叶嘉莹、袁行霈等人的书都读过，朱东润主编的《历代文学作品选》还是教材，上了好几个学期的课，但给我们上这门课的老师并不喝茶，自然是只讲诗歌不讲茶。反而是教《古代汉语》的木霁弘教授，喜欢往茶山跑，后来出了本讲"茶马古道"的书，把我们带到了一个茶的云南，并影响我走上了茶的研究之路。

对于云南大学的学生来说，茶园在远方，但茶生活就在学校门口。

云南大学所在的翠湖，是昆明的文眼、茶脉。这里茶馆林立，民国年间钱穆、郑天挺、闻一多、吴宓他们喝茶的地方还有迹可循，我在汪曾祺的茶馆记录里、在李政道的讲述里，重新审视这座城市、这所大学与茶的关系。我自己经常在翠湖边喝茶，毕业三年后，在翠湖边的一家茶室，曾参与创办了一本茶杂志。

茶风雅的一面真的在此处消失了吗？也许并非如此。云南大学的晚翠园与呈贡的杨家大院，都可以带我们重温那个时代的韵味。晚翠园因为汪曾祺的文章，让后人知晓在"跑警报"逃生的昆明还有一处风雅之地。严晓星追寻的呈贡杨家大院，则让我们了解到当时一群风雅之士的真实生活。

1939年，古琴家查阜西为张充和拍了一张无数人击节赞叹的照片，美好得让人心妒。

照片里的蒲团上，张充和着旗袍梳麻花辫，光彩明亮，那是一个无比舒适的姿势，显得懒散、自在，又满是写意。佛龛里的佛微笑着，桌子上摆满了清供：鲜花、水果、木香与清茶。

查阜西、张充和这些人，逃难来到昆明，但他们并没有因为上空有轰鸣的战斗机而放弃生活，相反，他们在租借来的杨家大院里，做着他们喜欢的事：弹琴、唱戏、插花、写字、写诗、喝茶。

张充和的诗里说：

> 酒阑琴罢漫思家，小坐蒲团听落花。
> 一曲潇湘云水过，见龙新水宝红茶。

多年后，张充和远嫁美国，重新抄写了这首送查阜西的诗。她在美国的家里，始终挂着这张照片。1995年，充和老人重返昆明，到呈贡杨家大院故地重游，得知大院即将拆除，忍不住失声痛哭。那里承载了她的青春，她最美好的年华与记忆。

当年与张充和唱和的，除了查阜西，还有杨振声，还有梅贻琦。

查阜西：

> 群山飞渡过君家，不忍援琴奏落花。
> 百结愁肠无一语，挑灯却坐试新茶。

杨振声：

> 到处为家不是家，陌头开遍刺桐花。
> 天涯不解相思渴，细雨疏帘酒当茶。

梅贻琦：

> 浪迹天涯那是家，春来闲看雨中花。
> 筵前有酒共君醉，月下无人细煮茶。

那年月，如果你只读闻一多，会可怜这个连茶都喝不起的人。毕竟战斗机在天上轰鸣，再大的教授也要狼狈地跑警报。但终究还是有人为我们提供了生活的另一面：一种从未中断的优雅生活。

张充和当时的恋人叫郑颖孙，是位古琴家，泡茶技术了得，但他毕竟年长张充和二十来岁，于是有人劝张小姐放弃。张充和却说："他煮茗最好，我离开他将无茶可喝了！"

郑颖孙离开昆明到重庆后，张充和为他空运了一坛昆明的井水给他泡茶，这可是1939年啊。

在宋茶的复兴过程中，昆明自然不会置身事外。就在我公司门口处，就有一个赵宋点茶传习馆，主理人赵慧成是宋徽宗赵佶的超级迷弟，这些年他一直致力于恢复宋朝的点茶绝活。

赵慧成说，宋茶之所以迷人，是因为形式感很好，器美，汤花漂亮，而且有明确的技术指标与欣赏指南，加上大量的宋画场景，都为全面复活宋代点茶提供了技术便利。

除了昆明，别的地方会不会有所不同？比如西子湖畔，那里同样有着宋茶的余韵，也肩负着传播中国茶文化的使命。

具体到点茶，那里的人又如何理解？

作家王旭烽在著作里多次写到宋代分茶，她对分茶的描写：分茶多为文人墨客所喜爱，但也传入宫中，宋徽宗为分茶高手，一注击茶，"白乳浮盏面，如疏星朗月"，博得满堂赞誉。

2000年，中国工程院院士陈宗懋在其主编的《中国茶叶大辞典》里，对分茶做出了两种解释：一种是泡茶法；一种是泡茶技艺之一，主要是与唐代的煮茶法、明代的瀹茶法有所区别。蔡襄的《茶录》与《大观茶论》都可为证。有意思的是，分茶在这本辞典里被分到了"茶俗部"。茶俗，就是民间的饮茶法。2022年，中国茶制作与茶俗成为世界文化遗产，共有144项，里头就包括茶俗这一大类，如大理白族的三道茶。

茶文化复兴，与当地的产业发展有着密切关系，因为近代以来的茶学，被划分到了农学与园艺学，这些学科更强调为地方经济服务，有很强的实用目的。茶叶经济强省福建、云南、浙江、湖南、湖北、广东等地的一些大学里有专门的茶学院，有些地方甚至有独立的茶学院，也有专门的茶文化刊物，拥有数量众多的茶文化推广者。

茶百戏的非遗传承人章志峰介绍，20世纪80年代，他在福建农林大学茶叶专业学习的时候，第一次了解到茶百戏，于是他便花了很长时间来复原这门技术。2010年10月，茶百戏在武夷山市正式成为非遗的一部分，列入传承谱系，2017年列入福建省级非遗，章志峰是传承人，茶百戏是作为技法与艺术亮相。

2015年9月，点茶作为非遗列入杭州市上城区非物质文化遗产目录。传承人徐志高说，点茶最根本的形式还是围绕宋代蔡襄的《茶录》、宋徽宗赵佶的《大观茶论》、审安老人的《茶具图赞》展开。即便是宋代，点茶作为一种技艺，在社会各阶层都各有自己的点茶法。"我们作为点茶非遗项目的传承人更多的是复原古法，创新技法，适应现代社会的应用。"

点茶非遗传承人、有美点茶创始人范俊雯讲，在她就读的浙江树人大学，点茶是作为一门艺术在教，这有别于传统的茶学背景的学科，学校为了提高大家对美的认知与艺术修养，还安排了色彩学、服装史、书法课，并专门请芭蕾舞老师教形体。

范俊雯与徐志高的点茶艺术表演，美轮美奂，吸引了很多年轻人来学习。

宋代点茶传播路径是先在民间某些区域兴起，后获得皇家认可，在上层流行开后，又回到民间，成为规模化风尚。

我很期待点茶艺术再度在华夏大地复兴。

范仲淹《和章岷从事斗茶歌》

作者介绍

范仲淹（989—1052），字希文。祖籍邠（bīn）州，后移居苏州。北宋时期杰出的政治家、文学家，他具有中国历史上少有的完美人格，被誉为天下第一等风流人物。范仲淹开创的义庄慈善机构，影响上千年。他的一句「先天下之忧而忧，后天下之乐而乐」，成为一千多年来无数士大夫的座右铭。

原文译注

年年春自东南来，建溪先暖冰微开。

溪边奇茗冠天下，武夷仙人从古栽。

新雷昨夜发何处，家家嬉笑穿云去。

露芽错落一番荣，缀玉含珠散嘉树。

终朝采掇未盈襜①，唯求精粹不敢贪。

研膏焙乳有雅制，方中圭兮圆中蟾②。

北苑将期献天子，林下雄豪先斗美③。

鼎磨云外首山铜，瓶携江上中泠水④。

黄金碾畔绿尘飞，碧玉瓯中翠涛起。

斗茶味兮轻醍醐⑤，斗茶香兮薄兰芷。

----

① 襜（chān）：围裙。本句意思是，采摘茶芽一早晨，还装不满一围裙。

② 此句讲做茶的规与模，有方有圆，图案众多。

③ 上贡的茶，茶区的人得先斗茶比试高下。

④ 中泠水：也称中泠泉。中泠水由南泠、中泠、北泠三眼泉水组成，而以中泠泉涌水最多，三眼泉水汇聚于扬子江中的金山寺旁，又称扬子江心水。

⑤ 醍醐：古时指从牛奶中提炼出来的精华。

其间品第胡能欺，十目视而十手指。

胜若登仙不可攀，输同降将无穷耻。

吁嗟天产石上英，论功不愧阶前蓂①。

众人之浊我可清，千日之醉我可醒②。

屈原试与招魂魄③，刘伶却得闻雷霆④。

卢仝敢不歌？陆羽须作经。

森然⑤万象中，焉知无茶星。

商山丈人休茹芝，首阳先生休采薇。

长安酒价减百万，成都药市无光辉⑥。

不如仙山一啜好，泠然⑦便欲乘风飞。

君莫羡，花间女郎只斗草⑧，赢得珠玑满斗归。

---

①蓂（míng）：传说中的一种瑞草。

②千日之醉：传说古代中山人狄希能够酿造一种"千日醉"酒，正在酿的过程中被刘玄石喝了一小口。刘玄石回到家里就一醉不醒，家人以为他死了，就把他埋葬了。三年后，狄希去刘家看刘玄石酒醒了没有，一起开棺验看，刘玄石刚刚酒醒。

③屈原有诗作《招魂》。

④竹林七贤中的刘伶好酒，喝醉了雷声也惊不醒。

⑤森然：茂盛。

⑥宋代成都药市很有名。

⑦泠然：寒凉，清凉。

⑧斗草：又称斗百草，是中国民间流行的一种游戏，属于端午民俗。此处以斗草指代斗茶。

翻译

年年春天的气息都从东南吹来，建溪总是最先变暖冰雪暗中化开。

溪边珍奇的茶冠绝天下，是武夷山的仙人从远古就开始栽种。

新春的惊雷昨夜响在哪里？家家嬉笑着要穿云上山。

带着露水的茶芽错落生长欣欣向荣，像珍珠一样散落在茶树上。

采摘了一早上茶芽，都没有装满一围裙，只求采摘精粹不敢贪多。

研膏焙乳都有典范的法式，方形的茶饼如玉圭，圆形的茶饼如月蟾。

北苑贡茶将如期进献给天子，茶树下的雄豪先斗茶比试高下。

鼎是用高高的首山上的铜制成的，瓶子里携带的是扬子江的中泠水。

黄金做的茶碾边绿色茶末飞扬，绿色的青瓷瓯里绿色波涛涌起。

尝过斗茶的滋味就不重视醍醐了，闻过斗茶的香味就看不起兰花的幽香了。

斗茶时的品第谁能蒙混过关？有十双眼睛在盯着，有十双手在指点。

胜利了就声名直上高不可攀，输了就像战败被俘的将领只有无穷的耻辱。

哎呀，这天上产的石上英，论起功劳来当得起那传说中的瑞草。

众人的浑浊我可以使他们洁净，饮了千日醉我也可以使他们清醒。

（饮茶后）屈原可尝试着招魂魄，刘伶得以听到雷霆之声。

卢仝怎敢不歌一曲？陆羽必须写本《茶经》。

森罗万象中，怎么知道没有茶星。

商山四皓不要吃芝兰了，首阳的叔夷伯齐不要采薇了。

长安的酒价要减少百万，成都的药市也失去了光辉。

不如到仙山喝一口茶，泠然间就想乘风飞去。

你不要羡慕，那花间的女郎只因会斗茶，就赢得了满满一斗的珠宝回去。

宋代斗茶的要点

　　范仲淹的《和章岷从事斗茶歌》（简称《斗茶歌》），属于交游诗。范仲淹一生交游极广，其《范文正公文集》中交游唱酬诗作有114首，占到他全部诗作的一半，涉及人物有87人。这首与章岷的和诗，写得豪迈、风趣，流传甚广。

　　章岷，生卒年不详，天圣五年（1027）进士，后为越州、福州等州郡守。1974年，章岷墓在镇江出土，墓中有大量饮茶器具。范仲淹写此茶诗时，章岷为其幕僚。从事，是宋代地方幕僚职官。章岷《宋史》无传，留有诗歌数首。

　　宋代斗茶，总给人一种热闹喧腾的感觉，可千万不要以为场面会有多壮观，其实有资格参与斗茶的人，每次总不过数人而已。

　　诗文一开始说的建溪茶，产于建安（今福建建瓯市）凿源山北临凤凰山的北苑御茶园，因山临建溪口，故名建溪茶，亦名凿源茶。北苑本是南唐时的一座宫苑，建这座宫苑的主要目的就是监制建安茶叶，以供南唐皇帝和贵族享用。

　　唐代的陆羽并没有把建安茶列入名茶，唐朝贡茶地在顾渚，除了自然条件外，交通便利也是一个主要原因，此地距离大运河和国道较近，茶叶能很快被送到京城。当时的建安，似乎是一个遥不可及的地方。五代十国时期建安茶成为名茶，人们发现这里尽管交通不便利，但是气候比其他地方要好（也有学者认为从唐到宋，气候发生了一些变化）。宋代沿用了南唐的选择："年年春自东南来，建溪先暖冰微开""建安三千里，京师三月尝新茶"，使得建安成为贡茶的理想之地。而等到带有强烈皇家色彩的"龙团凤饼"成名后，建安茶就真的名扬天下了。

贡茶中的龙凤团茶始于宋太宗年间，预先设计好茶饼上的纹饰并做好模板，发到造茶地。有宋一代，沿袭同样的模式，只有大小的区别。龙凤团茶经过蔡襄的改造后，小龙团是当时的第一名茶，但其专供皇室，别说普通人，就连许多朝中要臣都见不到，"金可有而茶不可得"，所以欧阳修得到皇帝御赐的一小饼才会珍藏多年，并引以为傲。

《东溪试茶录》记载："建溪茶比他郡最先。北苑、壑源者尤早。岁多暖则先惊蛰十日即芽，岁多寒则后惊蛰五日始发。先芽者气味俱不佳，唯过惊蛰者最为第一。民间常以惊蛰为候。"所以范仲淹诗文中的"先暖冰微开""新雷"，指的就是采茶时令。赵汝砺《北苑别录》载："岁分十纲，惟白茶与胜雪，自惊蛰前兴役，浃日乃成，飞骑疾驰，不出仲春，已至京师，号为头纲。"

"家家嬉笑穿云去"，要是真那么浪漫就好了，为了赶制茶，许多茶农苦不堪言。他们要在阳光还没出来的时候采茶，还必须用指甲来掐茶芽。

宋茶讲究茶叶带着露水采摘，是为了保持其新鲜度，不至于失水后产生发酵。

如今采摘茶叶也是一件苦差事，尽管报酬还不错，但全国各地每到采茶季，都会出现工荒。

"露芽错落一番荣，缀玉含珠散嘉树。终朝采掇未盈襜，唯求精粹不敢贪。"这是采茶时的情景，建溪茶对茶叶的要求很高，采摘茶芽求精不求多。

"研膏焙乳有雅制，方中圭兮圆中蟾。"这是说方形的圆形的茶饼都准备好了。

《北苑别录》中记载的宋代建安茶制作与唐代有所不同。唐代茶饼是经过采、蒸、捣、拍、焙、穿、封七种程序；到了建安茶，发生了细微的变化，多了拣择的工序。这也是宋茶讲究的地方，剔除粗老的，筛选出其他杂色，保持茶的纯净度。

宋茶制作时为什么要挤除茶膏？《北苑别录》里道出了缘由，当时建茶味远而力厚，"非江茶之比，江茶畏沉其膏，建茶惟恐其膏之不尽，则色、味重浊矣"。一切都是为了斗茶的需要。宋代斗茶斗的是茶汤，以色白为上，味道需要清淡甘美，建茶不去茶膏，怕会输给浙江茶。不过，为了增加茶饼的光泽，他们在茶饼外层又涂抹了一些茶膏，时间一长，茶面就呈现出"青、黄、紫、黑"之色。蔡襄说，区别这样的茶饼要像医生给病人看病一样，观察气色，"隐然茶之内"，"肉理润者为上"。

"北苑将期献天子，林下雄豪先斗美。"这其实说的是贡品归贡品，咱老百姓有自己爱茶的方式：斗茶。

"鼎磨云外首山铜，瓶携江上中泠水。"首山铜有一个典故："黄帝采首山铜，铸鼎于荆山下，鼎既成，有龙垂胡须下迎黄帝。"范仲淹用夸张的手法诉说了自己的鼎有多么珍贵。中泠水，就是被誉为天下第一泉的中泠泉。

这里要特别指出的，是这首诗的创作时间。

根据廖宝秀的考证，这首诗创作时间为景祐元年（1034），当年范仲淹四十六岁。这首茶诗早于蔡襄《茶录》，也早于梅尧臣、欧阳修等人的茶诗茶文，是代表宋代早期茶观念的重要作品。宋茶贵白这种观念，经过蔡襄《茶录》传播后，影响了有宋一代。所以范仲淹斗茶诗中的"黄金碾畔绿尘飞，碧玉瓯中翠涛起"两句话，才会成为后人反复咀嚼的金句。

陈鹄在《耆旧续闻》里讲，蔡襄对范仲淹诗里的"绿尘"与"翠涛"很不以为然，因为当时的风气是茶贵白才好，所以他建议把"绿尘"改为"玉尘"，把"翠涛"改为"素涛"。但陈鹄却认为蔡襄错了，他说贡茶除了头纲是白色之外，次纲就已经带微绿，他还说唐代李泌诗里就有"旋沫翻成碧玉池"的形容。

胡仔在《三山老人语录》里把蔡襄的意见安到了沈括的头上，同样质疑范仲淹描述的茶色是否准确。

但是，我们如果去看范仲淹同时代的茶诗，会找到很多形容茶绿的诗句，如钱惟演的"琼瓯茗花碧"，宋庠的"越瓷涵绿更凝空"，梅尧臣的"石碾破微绿"与"向此烹新绿"，冯山的"双凤婆娑绿玉团"，李南金的"急呼缥色绿瓷杯"。廖宝秀认为，这恰恰从侧面证明了蔡襄《茶录》倡导"茶贵白"的影响，到了宋徽宗的时代，《大观茶论》里进一步要求茶要"纯白"才是上品。

令人遗憾的是，《四库全书》收录这首诗的时候，已经把这两句改成"黄金碾畔绿尘飞，紫玉瓯心雪涛起"。今天一些茶诗收录者，也有使用这个版本的。

碧玉瓯，通常认为是越州（今绍兴）一带的青瓷瓯或青白瓷盏，魏野有诗说："鼎是舒州烹始称，瓯除越国贮皆非。"

范仲淹这首茶诗里的其他观念同样重要，宋茶除了贵白，还贵早、贵新，这与唐代也有很大的不同。唐代虽然对茶的采摘时令有所区别，但对茶是不是第一道并不介意；宋代北苑茶被皇家捧为上品后，茶的早采晚采以及送往京城的早晚就成为相关官员的重要工作。

"斗茶味兮轻醍醐，斗茶香兮薄兰芷。其间品第胡能欺，十目视而十手指。"这是说斗茶靠的是真功夫，作不得假。茶饼拿来后，要用纸张包起来捣碎，这有点像今天许多人对付普洱沱茶的办法；捣碎后就到了碾的环节，碾就是把细碎的东西粉末化，要求使用碾子的时候用力均匀；再放到筛子里面筛一遍，漏下去的才是需要的茶末。只有那么细的茶末才可以下水后漂浮起来，才能形成汤花。

范仲淹选铜鼎，是延续陆羽的说法，其主要目的是为了稳定水温。天下第一泉的水当然可以泡出好茶，加上黄金碾和碧玉瓯，可以说功夫做到了家。

斗茶时，水温的掌握是一个关键。如果水未煮开，冲茶时泡沫会过多；水太沸，茶末就容易下沉。茶末和沸水准备好后，就到了调膏的环节，把茶末放到事先加热过的茶盏中，用少量沸水将茶末调匀成膏状，再徐徐注水，用茶筅不停搅拌，直到茶末和水达到黏稠的乳状。

判断斗茶的输赢，有两个标准：其一是看茶面汤花的色泽和均匀度，假如还有茶末沉在茶盏底，第一关就输了。其二是看茶盏内沿与汤花相接处有无水痕。这个道理很简单，用茶筅搅和的时候，如果茶和水会分离，就会在茶盏上留下明显的痕迹。斗茶时，水痕先出现的就意味着已经输掉了比赛，无缘晋级了。

苏轼说："沙溪北苑强分别，水脚一线争谁先?"这个"水脚"在斗茶语境中，指的就是水痕。不期待赢家，而期待最先出现水痕的输家，苏轼真是无处不戏谑。高手泡茶，茶面鲜白，汤沫可以持续比较长的时间，能够紧贴着茶盏边沿不退散，这就是大名鼎鼎的"咬盏"现象。蔡襄说："视其面色鲜白，着盏无水痕为绝佳。建安斗试，以水痕先者为负，耐久者为胜。"民间的斗茶方法最终得到朝廷认同，这也是宋代茶事极为有趣的地方。

因为斗茶崇尚白色的汤沫，所以宋代以黑釉为代表的深色系茶盏开始流行。

"胜若登仙不可攀，输同降将无穷耻。"斗茶胜利了就声名直上高不可攀，斗输了就像战败被俘的将领只有无穷的耻辱。这何止是斗茶，更像是斗人。

"吁嗟天产石上英，论功不愧阶前蓂。众人之浊我可清，千日之醉我可醒。屈原试与招魂魄，刘伶却得闻雷霆。""石上英"即是指茶叶，陆羽说好茶生于乱石之中。范仲淹以屈原的"举世皆浊我独清，众人皆醉我独醒"明志，自喻一生清廉忠贞。屈原遭谗忌，被放逐后自杀。要是茶真是传说中的瑞草，那么就可以试着用茶为屈原招魂吧。竹林七贤中的刘伶，终生好酒，自称"惟酒是务，焉知其余"。他经常喝得不省人事，《世说新语》说他纵酒放达，乘鹿车，携一壶酒，使人荷锸相随，说："死便埋我。"这样的痴人，喝茶也可以唤得醒，使他听到雷霆之声吧？

"卢仝敢不歌？陆羽须作经。森然万象中，焉知无茶星。"卢仝的《七碗茶歌》与陆羽的《茶经》都是后世谈茶绕不开的经典，这些人都有自己的爱好与执着，范仲淹心有戚戚焉。"森然万象中，焉知无茶星"这句，与毛润之"数风流人物，还看今朝"，有异曲同工之妙。

"商山丈人休茹芝，首阳先生休采薇。""商山丈人"指商山四皓，是汉初四个吃灵芝草的隐士：东园公、绮里季、夏黄公、甪（lù）里先生。四人须眉皆白，故称四皓。"首阳先生"指伯夷、叔齐。伯夷、叔齐是商末孤竹君的两位王子。相传孤竹君遗命立三子叔齐为君。孤竹君死后，叔齐让位给伯夷，伯夷不受；叔齐也未继位，二人先后前往周国考察。周武王伐纣，二人叩马谏阻。武王灭商后，他们耻食周粟，采薇而食，最后饿死于首阳山。

皇祐三年（1051），范仲淹六十三岁，他手书韩愈的《伯夷颂》送给苏舜元，苏舜元将《伯夷颂》先后寄给文彦博、杜衍、晏殊等人，请他们在这幅书法作品上题诗。贾昌朝在这幅书法作品的题跋中说，范希文好谈古贤人节义，老而弥笃。蔡襄在题跋中说："此书皆谤毁，艰难者读之益以自信，故退之、希文尤殷勤耳。"

倡导士大夫的气节与人格，是范仲淹一生的坚守。

欧阳修遇到苏轼的时候说，小伙子，你来晚了。苏轼问为什么这么说？欧阳修说，你早来，就可以认识范仲淹了。苏轼顿时就惆怅起来——生平不能遇范仲淹，确实是人生一大憾事。

"长安酒价减百万，成都药市无光辉。不如仙山一啜好，泠然便欲乘风飞。君莫羡，花间女郎只斗草，赢得珠玑满斗归。"饮茶之风大盛，致使长安的酒价暴跌；而由于人们饮茶，增进了健康，成都的药市里显得十分冷清，已不见往日的繁忙景象了。不过，这只是一个期望而已。卢仝需要七碗茶，范仲淹只要一口便得道，由斗茶而言斗草，是寻找游戏的源头，宛如我们今日追溯斗茶的源头，后世再追溯我们的一些玩法一样。

范仲淹是如何呈现斗茶这种高雅趣味的？

宋代斗茶，比制茶的早晚，比制茶的工艺，比茶人的技巧，比茶器的珍贵，比环境的优雅，比茶人的品格。

水美、茶美、器美、人美、艺美、境美、味美，围绕斗茶的场景，无一不美。这为欧阳修、苏轼等人继续书写茶，奠定了很好的基调。

宋代有专门的茶诗评论，这说明茶文化的专业度非常高，茶道艺术丰富。范仲淹所做茶诗并不多，但这首茶诗历代流传，影响深远。

宋人严有翼在《艺苑雌黄》中评价："玉川子有《谢孟谏议惠茶歌》，范希文亦有《斗茶歌》，此二篇皆佳作也，殆未可以优劣论。"胡仔《苕溪渔隐》中说："玉川自出胸臆，造语稳贴，得诗人句法；希文排比故实，巧欲形容，宛成有韵之文。"

范仲淹《清白堂记》

原文译注

会稽府署，据卧龙山之南足。

北上有蓬莱阁，阁之西有凉堂，堂之西有岩焉。岩之下有地方数丈，密蔓深丛，莽然[1]就荒。一日命役徒芟[2]而辟之，中获废井。即呼工出其泥滓，观其好恶，曰："嘉泉也。"

择高年吏问废之由，曰："不知也。"乃扃[3]而澄之，三日而后汲，视其泉，清而白色，味之甚甘。渊然丈余，绠[4]不可竭。

当大暑时，饮之若饵[5]白雪，咀轻冰[6]，凛如也；当严冬时，若遇爱日，得阳春，温如也。其或雨作云蒸，醇醇而浑。

---

① 莽然：草木茂盛。

② 芟（shān）：铲除杂草。

③ 扃（jiōng）：本义是安装在门外的门闩或环钮，作动词时候表示关闭。

④ 绠（gěng）：本义是汲水用的绳子，这里指提水。

⑤ 饵：服食。

⑥ 轻冰：指薄冰。

盖山泽通气①，应于名源矣。又引嘉宾，以建溪、日注、卧龙、云门之茗试之，则甘液华滋②，说③人襟灵④。

观夫大易之象，初则井道未通，泥而不食⑤，弗治也；终则井道大成，收而勿幕⑥，有功也。其斯之谓乎！⑦又曰："井，德之地"⑧，盖言所守不迁矣⑧；井以辨义，盖言所施不私矣⑨。圣人画井之象，以明君子之道焉。

---

①山泽通气：表明自然界的山与泽在底部是相连的，可通"气"的。

②华滋：润泽，常常形容容色丰美滋润，也比喻优美的文辞。

③说：同"悦"，开心。

④襟灵：襟怀，心灵。

⑤泥而不食，出自《周易·井卦》初六："井泥不食，旧井无禽。"意思是老旧的井干涸见底，只有泥污而没有水，已经不可食用，连本来可以生活在井下的生物也难以活下去。

⑥收而勿幕：出自《井卦》上六："井收勿幕，有孚元吉。"当井修好之后，不要用井盖把它盖上，要供民众使用，这样做有助于君侯的信用和威望布及天下，非常吉祥。

⑦其斯之谓乎：说的就是这样的情况吧。

⑧"井，德之地"，出自《周易·井卦》，说的是井水天天有人打但也打不空，孔颖达疏谓井有常德。所守不迁：指的是改邑不改井，村落、城镇可以搬迁，井却不能迁移，喻为德之不可迁移，

⑨井以辨义：语出《周易·系辞下》。井卦之用，在于广养万物，辨明道义。晋韩康伯注："施而无私，义之方也。"陆九渊说："君子之义，在于济物；于井之养人，可以明君子之义。"

予爱其清白而有德义，可为官师之规，因署其堂曰清白堂，又构亭于其侧，曰清白亭。庶几居斯堂，登斯亭，而无忝其名哉！

宝元二年月日记。

🔲 翻译 🔲

会稽的府署，在卧龙山的南边山脚下。

府署北面有蓬莱阁，阁西边有一个凉堂，凉堂的西边有岩石。岩石下面有一块土地方圆数丈，长着浓密的藤蔓，深密的树林，草木茂盛，都荒芜了。有一天，让服劳役者除草开路，在其间发现一处废井。立即找来工人清除泥滓，再观察水的好坏，说："是很好的泉水。"

找来年长的衙吏，询问此井被废弃的缘由，他回答说："不知道。"于是关闭入水口使水清明。三天后再打水上来，一看泉水，清澈而色白，味道很甘甜。水深丈余，提水不会干涸。

夏天很热的时候，饮井水像嚼白雪，含薄冰块，很寒凉；在非常寒冷的冬天，如果遇上有太阳，就会像阳春时节的水，很温暖。井水或许是雨水降落、云气蒸腾所致，醇厚浑然一体。大概是山泽气脉相通，形成了有名的水源吧。又呼朋唤友，用建溪茶、日注茶、卧龙茶与云门茶试泉水，都如甘露般丰美滋润，悦人心灵。

观看《周易》之象，开始的时候井道没有通，只有泥污，不能饮用，这是没有治理的原因；最终井道畅通，收拾好不要盖上，方便民众，治理有功。说的就是这样的情况吧!《周易》又说："井是有德之地"，大概是说守护在那个地方从来不迁移；井能辨明道义，大概是说井水的给予从不藏私，任何人都可以取用。圣人画井卦，就是要阐明君子之道啊。

我爱其清白而有德义，可以成为官吏们效法的章程，因此署堂名为清白堂，又在它的边上建一个亭子，名为清白亭。希望可以居住在这清白堂，登上这清白亭时，没有辱没它的名声。

宝元二年（1039）月日记。

清白有德义的人生

宝元元年（1038），范仲淹到绍兴任知府，在府署附近有一凉堂，凉堂西边的岩石下边有一块荒地，草木茂盛。范仲淹命人整治，发现了一口废井，井中有泉，他命人除去杂草，掏尽淤泥，结果发现井中的泉水非常神奇，清澈而呈白色，夏凉冬暖：夏天很热的时候，饮井水像嚼白雪、含冰块，很清凉；寒冷的冬天，如果遇上有太阳，就会像阳春时节，井水变得温暖。

范仲淹随后把泉水命名为"清白泉"，将凉堂命名为"清白堂"，又在其旁新建一座"清白亭"。

范仲淹多次邀约朋友在清白堂用泉水烹茶，甜美的汁液滋润了他们的心灵与才智。他们所品之茶有建溪、日注、卧龙、云门等茶。福建建溪茶鼎鼎大名自不必多说，其余三种茶是绍兴本地茶。日注茶（也叫日铸茶）是绍兴名茶，欧阳修曾说日注茶为草茶第一。云门茶出自绍兴云门山丁坑。

卧龙茶需要多说几句。宋代《嘉泰会稽志》卷十七说日注茶时，顺带讲了卧龙茶：现在会稽产茶极多，佳品只有卧龙茶这一种，名气也大，差不多能赶上日注茶。卧龙茶，产自卧龙山，也许茶种来自日注……卧龙茶芽比较短，颜色为紫黑色，有点像蒙顶、紫笋，茶味森严，有涤去烦恼破除睡魔之功效，即使是日注茶也有比不上的地方。

赵抃《次谢许少卿寄卧龙山茶》诗云：

> 越芽远寄入都时，酬唱珍夸互见诗。
> 紫玉丛中观雨脚，翠峰顶上摘云旗。
> 啜多思爽都忘寐，吟苦更长了不知。
> 想到明年公进用，卧龙春色自迟迟。

陆佃、张伯玉、晁说之等人也都写过卧龙茶。

范仲淹不只是一个品茶客，他对宋茶国家专卖这个问题思考良多。庆历三年（1043），仁宗曾经发布诏令咨询：茶、盐、矾、铁、铜、银等商业买卖或矿冶禁令，国家是否取利过多伤民？范仲淹认为，现在国家费用不足，如果不从商人那里索取，就要向农人索取，比较之下，不如取之于商人。

但一年之后，范仲淹又提出相反的意见，他认为茶叶与盐巴，一个是摘山之利，一个是煮海之利，都是以天地之利以养万民。现在官府禁止民间销售茶叶与盐巴，断绝了商旅之路，但官路又经常不通，致使有人不惜犯法私运茶盐。范仲淹认识到了茶盐禁令和官方专卖的弊病，希望宋仁宗昭告天下茶盐之法，去除苛刻的刑法，广开茶路盐路，以获得长久的利益。

在《清白堂记》里，范仲淹结合《周易》井卦，再次强调了井的品质：一是不迁，改邑不改井，有常德。这与茶的特征非常像，茶树不迁，带来了茶礼文化。明代浙江人郎瑛在《七修类稿》里说得透彻："种茶下子，不可移植，移植则不复生也。故女子受聘，谓之喫茶；又聘以茶为礼者，见其从一之义。"

二是不私，井养而不穷。每天都有地下水注入井中，但井水从未漫延；每天都有人从井里打水，但井水从未干涸。

三是不污，甘洁可供饮用。《周易·井卦》九五爻辞为"井冽，寒泉食"，说的是井水甘洁，可以饮用也。

清代吴其濬说，范仲淹居宅，会疏通井水，放青术好几斤，来避瘟气。这与今天许多人会选择烧苍术、艾叶来净化空气一样。

源头之水，一定要清白，才能甘洁可饮。一家之主，一定要清白，才可形成良好家风。一国之重臣，一定要清白，才能使国家长治久安。

清白的要义是什么？品行纯洁，没有污点。

比范仲淹（989—1052）小一代人的赵抃（1008—1084）以清廉闻世，他死后，被谥为清献。北宋嘉祐年间，赵抃轻车简行赴成都任转运使，只带了一位随从，牵了一匹马，行囊中有一张琴和一只白鹤。皇帝听闻后，大赞道："为政简易，亦称是乎！"赵抃渡江时，见这条来自都江堰的河水清澈见底，掬水可饮，于是触景生情，借水立志："我立志像这条江一样清白，虽然有很多东西混杂在它的中间，但是不会有一点儿浑浊。"此后这条江便被命名为清白江，现在成都市青白江区之名便由此而来。

赵抃一生不治家产，清廉节俭，平时膳食以蔬菜为主，遇到客人来访，才添一碗肉菜。苏轼曾写诗道：

> 清献先生无一钱，故应琴鹤是家传。
> 谁知默鼓无弦曲，时向珠官舞幻仙。

赵抃以太子少师致仕后，住在故乡衢州的居室"高斋"。《冷斋夜话》卷之十记载，赵抃告老还乡后，还是喜欢吃素，日须延一僧对饭。

司马光写给儿子司马康的家书《训俭示康》里说："吾本寒家，世以清白相承。"他说自己不喜奢华，后来得了功名，连皇家喜宴都没戴花，平生穿衣只是为了抵御寒冷，饮食只是为了填饱肚子。

宋人谈清白者甚多，大都与家传有关。陈士豪《沁园春》："文昌地位，清白传家。"张伯寿《临江仙》："诗书为世业，清白是家传。"钱处仁《念奴娇》："清白传芳，高明驰誉，材更兼文武。"刘克庄《满江红》:"家四世,传清白。"

范仲淹在《清白堂记》里,借泉水表明自己"清白而有德义"。《清白堂记》刻在府山的越王台的左侧,今犹可见。后世有许多凭吊诗文,赞范公清白之贤。

苏轼在《叶嘉传》里,也强调了这样的清白精神。

宋徽宗赵佶也在《大观茶论》里重申饮茶的"厉志清白"。

2014年,我和朋友在大理一处民宅中,看见其照壁上写着:清白家风;对联这样写着:谦恭处世严三畏,清白传家守四知。我们几个人就猛夸大理人善写对联,主人说,这说的是东汉杨震的故事。

杨震的老朋友王密为答谢他的举荐,晚上带了十斤黄金来送给他,杨震很生气地说:"我了解你,你却不了解我。"王密说:"现在是深夜,没有人会知道这件事。"杨震说:"天知、神知、我知、你知,怎么说没有人知道呢?"这"四知"也影响过赵抃。

杨震公正廉明,不接受私人的请托。他的子孙蔬食徒步,生活俭朴,他的一些老朋友想要他为子孙开辟一些产业,杨震却说:"使后世称为清白吏子孙,以此遗之,不亦厚乎?"

一个发生在遥远的西北的故事,在西南边陲之地代代相传。那天的谈话里,没有说到范仲淹,只因当时我们不知道在东南还有这样一口井,还有一个清白堂。

欧阳修《尝新茶呈圣俞》

作者介绍

欧阳修（1007—1072），字永叔，庐陵（今江西吉安永丰）人。

欧阳修是在宋代文学史上开创一代文风的文坛领袖，苏轼、苏辙、曾巩等人皆出其门下，苏洵与王安石也受欧阳修的推崇而得以崭露头角。主持修撰《新唐书》，并独撰《新五代史》。今人编有《欧阳修全集》。

原文译注

建安三千里，京师三月尝新茶。

人情好先务取胜，百物贵早相矜夸^①。

年穷腊尽春欲动，蛰雷未起驱龙蛇。

夜闻击鼓满山谷，千人助叫声喊呀^②。

万木寒痴睡不醒，惟有此树先萌芽。

乃知此为最灵物，宜其独得天地之英华。

---

① 矜夸：骄傲自夸。

② 春天喊山是茶山习俗。《宋史·方偕传》里记载了仁宗年间建安县的情况："县产茶，每岁先社日，调民数千鼓噪山旁，以达阳气。"庞元英《文昌杂录》载："建州上春采茶时，茶园人无数，击鼓声闻数里。"周亮工《闽茶曲》的注里提到元明之际武夷山的喊山习俗："御茶园在武夷第四曲，喊山台、通仙井皆在园畔。前朝著令，每岁惊蛰日有司为文致祭，祭毕鸣金击鼓，台上扬声同喊曰：'茶发芽。'"

终朝采摘不盈掬①，通犀銙小圆复窳②。

鄙哉谷雨枪与旗③，多不足贵如刈④麻。

建安太守⑤急寄我⑥，香蒻包裹封题⑦斜。

泉甘器洁天色好，坐中拣择客亦嘉。

新香嫩色如始造，不似来远从天涯。

停匙侧盏试水路⑧，拭目向空看乳花⑨。

①语出《诗经》"终朝采绿，不盈一匊"。意思是：采摘荩草一早晨，还不满一捧。

②通犀：犀角的一种，中央色白，通两头。銙：原本是一种随身的装饰品，宋代形似銙的茶称为銙茶，故也以銙作为成品茶的计量单位。建安贡茶有贡新銙、试新銙、龙团胜雪、白茶等名称。窳（yǔ）：谓器中空空。刘基《久雨坏墙园蔬尽压怅然成诗》："囊橐罄留储，釜甑恒若窳。"

③枪与旗，熊蕃《宣和北苑贡茶录》："凡茶芽数品，最上曰'小芽'，如雀舌鹰爪，以其劲直纤锐，故号芽茶；次曰'拣芽'，乃一芽带一叶者，号'一枪一旗'；次曰'紫芽'，乃一芽带两叶者，号'一枪两旗'；其带三叶、四叶，皆渐老矣。"

④刈（yì）：割。

⑤建安太守：据刘颖《嘉祐三年"建安太守"小考》，当时的建安太守为徐仲谋，而非许多人以为的蔡襄。

⑥当时的风气，谁先收到来自建安的茶，意味着谁的朋友多、地位高。

⑦封题：物品封装妥善后，在封口处题签。

⑧水路：这里指注水。今天，水路已经成为一个品茶的专有名词，描述茶汤入口的感受。水路粗指茶汤在口腔中乱跑，水路细说明茶汤入口细腻丝滑，过喉柔和无窒碍。

⑨乳花：点茶专有名词，指点茶时所起的乳白色泡沫。

欧阳修《尝新茶呈圣俞》　　27

可怜俗夫把金锭①，猛火炙背如虾蟆②。

由来真物有真赏，坐逢诗老③频咨嗟④。

须臾⑤共起索酒饮，何异奏雅终淫哇⑥。

---

①锭：一作"挺"，就是蔡襄《茶录》里说的茶钤，烤茶用的器具。

②陆羽在《茶经》里说，烤炙的时候，茶饼表面要烤出像虾蟆背上的小疙瘩一样的突起，然后离火五寸。

③诗老：对诗人的敬称，意谓作诗老手。

④咨嗟：赞叹、叹赏。

⑤须臾：形容极短的时间。

⑥淫哇：浮靡之声。

翻译

建安距离京师开封有三千里，京师却可以在三月就喝到新茶。

人之常情是喜欢争先好胜，百物也是以早为贵骄傲自夸。

这一年将要结束，春天将要到来，惊蛰的雷声还没有响起来驱赶龙蛇。

夜里听见锣鼓喧天满山谷，上千人一起喊："茶发芽！茶发芽！"

万千树木都在寒冷中冬眠没有醒来，只有茶树率先发芽了。

才知道茶树是最有灵性的事物，无怪它独得天地之精华。

采摘一早晨的茶芽，还不够一捧。这白色的小銙茶，满了又空。

轻视谷雨时分采摘的一芽一叶，数量一多就像割麻一样不值得珍惜。

建安太守疾速将新茶寄给我，茶用香蒲叶包裹好，用题签斜着封口。

准备了甘美的泉水、干净的茶器又选了个好天气，坐席之中是精心挑选的嘉客。

这茶的新香嫩色就像刚刚制作好的，不像从那么远的地

欧阳修《尝新茶呈圣俞》　29

方寄来的。

把茶匙停在茶盏一侧开始注入热水，殷切地注视杯盏观察乳花。

可喜鄙俗之人拿着金属制成的茶铃，用猛火将茶饼表面炙烤出虾蟆背上小疙瘩一样的突起。

历来真正的好物自有人会心地赏识，在座的诗老对这茶频频赞叹。

但喝了一会儿茶就都起来索要酒喝，这与雅曲奏到最后却是浮靡之声没什么两样。

宋茶的三不点美学

世人皆知欧阳修是醉翁，却少有人知道他还是位茶人。在《依韵答杜相公宠示之作》中，欧阳修以"醉翁"开头，以"饮茶人"结尾。

> 醉翁丰乐一闲身，憔悴今来汴水滨。
> 每听鸟声知改节，因吹柳絮惜残春。
> 平生未省降诗敌，到处何尝诉酒巡。
> 壮志销磨都已尽，看花翻作饮茶人。

皇祐二年（1050），四十四岁的欧阳修知应天府兼南京留守司事。次年春末他与自己的老师、前宰辅杜衍诗酒唱和，同样的杯中物，酒酬壮志，茶话清音。

欧阳修在给王仲仪的书信中，说自己人到中年，疾病多，出于养生的需要，酒肉不能多吃，只能清饮茶水。

这几乎为中国男人定了一个调子，年轻的时候对酒当歌，中年后饮茶清谈。

欧阳修有什么疾病？糖尿病与眼疾。糖尿病导致他四肢瘦削，腿脚不灵活，走路、上马都成问题。眼疾是多年的老毛病，数步之外，都辨不清人。"吾年向晚世味薄，所好未衰惟饮茶"，饮茶是喜好，但说茶能治百病他是不信的，他在《次韵再作》里写道："论功可以疗百疾，轻身久服胜胡麻。我谓斯言颇过矣，其实最能祛睡邪。"欧阳修的亲身经验，喝茶最能驱困，但要是茶喝多了，会手颤，还容易饿。

宋代胡仔《苕溪渔隐丛话》里把《尝新茶呈圣俞》里的两句话特别挑拣出来，加上苏轼的另外四句茶诗，说出了宋茶的美学核心。

六一居士《尝新茶》诗云："泉甘器洁天色好，坐中拣择客亦嘉。"东坡守维扬，于石塔试茶诗："禅窗丽午景，蜀井出冰雪。坐客皆可人，鼎器手自洁。"正谓谚云"三不点"也。

结合欧阳修诗、苏轼诗的共同点可以看出，所谓"三不点"，具体是指茶不好不点，景色不好不点，来的客人不适合不点。反之，就是三好，这三好指的是：好茶、好景与好人。好茶部分包含了茶新、水甘、器洁；好景部分包含了好天气、好地方、好环境；好人部分指来饮茶的好朋友。假如这三者中有一样达不到要求，喝茶的氛围与境界就要大打折扣。

我们从"三好"角度，说说《尝新茶呈圣俞》这首诗。

> 万木寒痴睡不醒，惟有此树先萌芽。
> 乃知此为最灵物，宜其独得天地之英华。

这说的是茶好。欧阳修时代茶贵新，京师要喝的茶要早、要快，二月的茶，三月就要喝到。在《和原父扬州六题·时会堂二首》（其一）也说了差不多的意思：

> 积雪犹封蒙顶树，惊雷未发建溪春。
> 中州地暖萌芽早，入贡宜先百物新。

欧阳修对泡茶用水非常讲究，常用从无锡运来的惠山泉泡茶。他不仅自己用，还把惠山泉当作绝佳的礼品送给友人。欧阳修的《集古录序目》要刻石，请书法家蔡襄书写，欧阳修以鼠须栗尾笔、铜绿笔格、大小龙茶、惠山泉等物为润笔。蔡襄非常开心，以为清而不俗。当时的润笔风气不太好，有些人还直接上门要钱。后来欧阳修又收到清泉石炭一篚，蔡襄得知后叹息："这石炭来得太迟，让我的润笔少了这一佳物。"欧阳修便为蔡襄送去了一些石炭。

惠山泉在茶圣陆羽品第后非常有名，从唐到清，天下名泉榜首位置换来换去，只有这个天下第二泉雷打不动。欧阳修对惠山泉的雅好，影响了周边的人，比如苏轼，也时不时用惠山泉来泡茶。

欧阳修对水的认知有自己很独特的见解，作有《大明水记》与《浮槎山水记》。欧阳修在茶与水的关系上，是一位承上启下的人物，影响了士大夫的审美。

茶器，欧阳修虽着笔不多，但充满了雅趣。在《和梅公仪尝茶》中写到建盏：

> 溪山击鼓助雷惊，逗晓灵芽发翠茎。
> 摘处两旗香可爱，贡来双凤品尤精。
> 寒侵病骨惟思睡，花落春愁未解酲。
> 喜共紫瓯吟且酌，羡君潇洒有余清。

梅尧臣在写给欧阳修的《依韵和永叔尝新茶杂言》里，同样提到了建盏：

> 清明才过已到此，正见洛阳人寄花。
> 兔毛紫盏自相称，清泉不必求虾蟆。

作为好友，梅尧臣非常认可欧阳修的品位：

> 欧阳翰林最别识，品第高下无欹斜。

晴明开轩碾雪末，众客共赏皆称嘉。

对好景的鉴赏，欧阳修留下了大量名篇，诸如《醉翁亭记》《偃虹堤记》《丰乐亭记》《菱溪石记》等等。

欧阳修身边会缺嘉客吗？他可是被誉为古往今来有名的伯乐，眼光独到，知人善用，唐宋八大家里头，苏轼、苏辙、曾巩等人皆出其门下，苏洵与王安石也因受欧阳修的推崇而得以崭露头角，其他名士如包拯、文彦博等人都与欧阳修交往密切。《宋史·欧阳修传》评价说："奖引后进，如恐不及，赏识之下，率为闻人。"

像欧阳修这般的文坛领袖，身边才子云集，喝茶自然不用考虑人选问题。

欧阳修在《于役志》里描述与开封诸多才子的交往，有人烹茶，有人鼓琴，有人作诗，有人写字。他在洛阳更是出没各种雅集，日子过得精彩纷呈。到了滁州，他纵情山水，滁州因他一篇《醉翁亭记》而名动天下。他到颍州，觉得颍州西湖横看竖看都好："轻舟短棹西湖好""春深雨过西湖好""画船载酒西湖好""群芳过后西湖好""平生为爱西湖好"……最后，他终老于颍州。

胡仔在《苕溪渔隐丛话》里提到的另外四句诗"禅窗丽午景，蜀井出冰雪。坐客皆可人，鼎器手自洁"，出自苏轼的《到官病倦未尝会客毛正仲惠茶乃以端午小集石塔，戏作一诗为谢》（简称《毛正仲惠茶》）。全诗如下：

> 我生亦何须，一饱万想灭。
>
> 胡为设方丈，养此肤寸舌。
>
> 尔来又衰病，过午食辄噎。
>
> 缪为淮海帅，每愧厨传缺。
>
> 爨无欲清人，奉使免内热。
>
> 空烦赤泥印，远致紫玉玦。
>
> 为君伐羔豚，歌舞菰黍节。
>
> 禅窗丽午景，蜀井出冰雪。
>
> 坐客皆可人，鼎器手自洁。
>
> 金钗候汤眼，鱼蟹亦应诀。
>
> 遂令色香味，一日备三绝。
>
> 报君不虚授，知我非轻啜。

元祐七年（1092）端午，五十六岁的苏轼在扬州知州任上，朋友毛正仲寄来了新茶，他便在扬州名刹石塔寺设茶席款待朋友。

《毛正仲惠茶》前面几句是讲苏轼自艾自怜，穷吃不起，病吃不进，这时收到毛正仲寄来一饼青黑色的茶。苏轼看到这饼茶，感觉更饿了，因为这茶恰好是消食之用。《曲洧旧闻》卷五记载苏轼羊羔配茶的经验之谈：烂蒸同州羊羔，灌以杏酪……炊共城香粳，荐以蒸子鹅，吴兴庖人斫松江鲙。既饱，以庐山康王谷帘泉，烹曾坑斗品茶。

有好茶，有好器，也有好水（蜀井在禅智寺，井水甘寒清轻，堪比冰雪水），还有佳客。

"苏门四学士"中的晁补之，当日就在场，他写了一首《次韵苏翰林五日扬州石塔寺烹茶》。几杯茶后，苏轼劝住了要弃石塔寺而回西湖旧居的戒公长老。

欧阳修、苏轼倡导并践行的"三好"法则，对后世影响很大。

茶在宋代文人的笔下，已经是判定雅俗的分界点。这样的观点，到宋徽宗写出《大观茶论》时，已经变成了"喝茶便雅"，连皇帝都号召有钱人多喝点茶脱脱俗气：天下的士人都"厉志清白"，都争先恐后地在闲暇时体味探索，他们碾茶点茶，争相比较箱子里有什么好茶，争着品评判别茶叶的高下。

与唐代不一样，宋代因为皇家的积极提倡，喝茶多了许多政治因素，茶文化取得很大的发展，不仅有专供皇家贡茶的北苑茶园，宫廷中还设有专门的茶事机关，茶艺成为与琴棋书画并列的艺术形式。朝廷为茶制定了专门的礼仪，就连皇帝的赐茶，也成了皇家对臣子、外族的一种重要沟通手段。民间的一些重大事件中，比如乔迁、待客、订婚、结婚、送葬、祭祀等，茶在其中都扮演了重要角色。

欧阳修为蔡襄的《茶录》作的后序中写道：茶是物品中的精华，小龙团又是精华中的精华。蔡襄首创小龙团每年进贡，是上品贡茶。宋仁宗特别爱惜小龙团，这么珍贵的茶，即便是宰辅这样的近臣也很少赏赐。后来少数有机会获得一饼的重臣，都舍不得试茶，而是把小龙团像宝贝一样收藏起来，有嘉宾到访的时候，才请出来赏玩一番。欧阳修从政二十余年，才获得皇帝赏赐一饼，足见其珍贵。

欧阳修的《双井茶》与《尝新茶呈圣俞》一样，都是从茶产地与时令讲起，说茶的珍贵与人情世故。

> 西江水清江石老，石上生茶如凤爪。
> 穷腊不寒春气早，双井芽生先百草。
> 白毛囊以红碧纱，十斤茶养一两芽。
> 长安富贵五侯家，一啜犹须三日夸。
> 宝云日注非不精，争新弃旧世人情。
> 岂知君子有常德，至宝不随时变易。
> 君不见建溪龙凤团，不改旧时香味色。

先说产茶的地方妙不可言，再说茶的形状像凤爪。接着就是赞扬茶比百草早。读到这里会发现，欧阳修写双井茶早与写建安茶早都是一样的方式，甚至所用词汇都相差无几。

"白毛"指的是茶芽上的白毫，赠送此茶时要用红碧纱包裹，可见双井茶之珍贵。"十斤茶养一两芽"，说明制茶原料标准高。在富贵人家，喝一次双井茶都要夸耀三天。在宝云茶与日注茶的陪衬下，双井茶更是要与那龙凤团茶比一比。这种烘托手法，在今天的茶商文案中也比较常见。

李白的《答族侄僧中孚赠玉泉仙人掌茶》也是一首好诗：

尝闻玉泉山，山洞多乳窟。

仙鼠如白鸦，倒悬清溪月。

茗生此中石，玉泉流不歇。

根柯洒芳津，采服润肌骨。

丛老卷绿叶，枝枝相接连。

曝成仙人掌，似拍洪崖肩。

举世未见之，其名定谁传。

宗英乃禅伯，投赠有佳篇。

清镜烛无盐，顾惭西子妍。

朝坐有余兴，长吟播诸天。

首先是产茶的地方很奇妙：玉泉寺附近山洞的乳窟。这个乳窟里不仅有玉泉，还有饮玉泉泉水为生的仙鼠（即千年蝙蝠），还有枝叶如碧玉般的茗草罗生。

其次，突出那里的水好，由物及人，有一位八十多岁的老人，因为常年喝玉泉泉水，居然面色艳如桃李。

接下来就好理解了，奇特的地方，养生的水，生长出来的茶自然非同寻常，竟然"拳然重叠，其状如手"，连茶都长成人手的形状了。僧中孚送茶时还赠了一首诗并希望李白答一首，所以收了仙人掌茶的李白只好答诗一首，何况李白知道他是第一个为此茶作传的人："后之高僧大隐，知仙人掌茶，发乎中孚禅子及青莲居士李白也。"与陆羽开创那种百科全书式的博物学写法不同，触手可生春的大才子赋予了茶另一种审美。李白未必懂茶，但懂茶的高僧大隐未必有李白的才华，青莲居士一出手，这"仙人掌茶"名扬天下、百世流芳就不在话下。时至今日，仙人掌茶依旧是湖北当阳一带的特产。

茶有两套书写系统，一套属于茶的绝妙好词层面，由李白、欧阳修、苏轼等人倡导形成，聚焦于茶之三好：好景、好茶与好人，侧重审美；另一套属于茶的百科全书式层面，由陆羽、蔡襄、赵佶等倡导形成，要穷尽茶的方方面面，格物致知，侧重教化。

于前者而言，产茶的地方一定有好山好水（名山大川、气候宜人），喝茶的地方都是风景名胜（幽林小筑亦佳），饮的都是好茶（水灵、器精、茗上乘），来的都是好人（嘉客、佳人）。于后者而言，说茶一定要从产地、气候、制法、泡法、饮法等层面纵深讲起，格物致知，托物言志，改善社会风气。

唐宋以来在茶里形成的审美与教化，在明代得到很好的承袭。朱权在《茶谱》里说饮茶环境，"或会于泉石之间，或处于松竹之下，或对皓月清风，或坐明窗静牖"，手里拿着茶杯，与来的客人清谈闲聊，探讨虚无玄妙之论，心神便从世间抽离，可见饮茶能让人脱俗忘尘。

徐渭在其饮茶心法《煎茶七类》[①]中，首先提到人品，强调了人品要配得上茶品，煎茶之人得是才识出众的高流、品格高尚的隐士与有大志向之人。接着说泉水，多沿袭前人之说，认为山水为上，江水次之，井水又次之。第三四部分讲烹茶与饮茶规范。第五部分，开始强调饮茶环境：凉台静室，明窗曲几，僧寮道院，松风竹月。第六部分讲适合一起喝茶的人：文人墨客等超然世味者。第七部分说茶的功效：除烦雪滞，涤醒破睡。

冯可宾在《岕茶笺》中总结出品茶的十三宜和七禁忌，可以视为明代茶人在审美上的总结。十三宜是：无事、佳客、幽坐、吟咏、挥翰、徜徉、睡起、宿醒、清供、精舍、会心、赏鉴、文僮。七禁忌为：不如法、恶具、主客不韵、冠裳苛

---

① 《煎茶七类》有人说是陆树声撰写的。

礼、荤肴杂陈、忙冗、壁间案头多恶趣。

陆羽写《茶经》，赋予了茶雅正的一面，通过饮茶，可以提升修养。茶道艺术在宋代达到顶峰，成为可以比肩书法、绘画、古琴的艺术。到了明代，随着禅学、心学的深入人心，日常道俘虏了很多人，文人便在劈柴担水的日常中修行，茶道艺术变成日常雅玩，茶成为文人生活里不可或缺的东西。

这种雅玩的日常化，眼下正在华夏大地再次复兴，许多人希望通过茶，发现一个审美的中国。

欧阳修《大明水记》

原文译注

　　世传陆羽《茶经》，其论水云："山水上，江水次，井水下。"又云："山水，乳泉、石池漫流者上。瀑涌湍漱勿食，食久令人有颈疾"，"江水取去人远者。井取汲多者"。其说止于此，而未尝品第天下之水味也。

🔲 翻译 🔲

　　世间所传陆羽的《茶经》，里面评论水质说："山泉水最好，江水次之，井水较差。"又说："山泉水，从钟乳石、石池缓流而出的水为最佳。瀑涌般的激流水不要喝，长期喝这样的水会使人有颈部疾病"，"江河的水要取用远离民居的地方的水才好，井水要从经常打水的井里取"。陆羽所说止步于此，因为他不曾品第天下所有水味。

至张又新为《煎茶水记》，始云刘伯刍①谓水之宜茶者有七等，又载羽为李季卿②论水次第③有二十种。今考二说，与陆羽《茶经》皆不合。羽谓山水上，而乳泉、石池又上，江水次而井水下。伯刍以扬子江为第一，惠山石泉为第二，虎丘石井第三，丹阳寺井第四，扬州大明寺井第五，而松江第六，淮水第七。与羽说皆相反。

🔲 **翻译** 🔲

到了张又新写《煎茶水记》，才开始记载刘伯刍说适宜泡茶的水有七等，同时又记载了陆羽为李季卿论说水可依等级分为二十种。现在考证这两种说法，与陆羽《茶经》所说的都不相符。陆羽说山泉水为上，山泉中又以钟乳石、石池中流出的最好，江水次之，而井水较差。刘伯刍以扬子江为第一，惠山石泉为第二，虎丘石井第三，丹阳寺井第四，扬州大明寺井第五，而松江第六，淮水第七。与陆羽所说都相反。

---

① 刘伯刍：曾任唐代刑部侍郎，擅长品水。
② 李季卿：唐代宗时期湖州刺史，与陆羽为倾盖之交。
③ 次第：依次，等第，次序。

季卿所说二十水，庐山康王谷水第一^①，无锡惠山石泉第二，蕲州兰溪石下水第三^②，扇子峡蛤蟆口水第四^③，虎丘寺井水第五，庐山招贤寺下方桥潭水第六^④，扬子江南零水第七^⑤，洪州西山瀑布第八^⑥，桐柏淮源第九^⑦，庐山龙池山顶水第十^⑧，丹阳寺井第十一^⑨，扬州大明寺井第十二^⑩，汉江中零水第

---

①陈舜俞《庐山记》中记载："康王谷有水帘，飞泉被岩而下者，二三十派，其高不可计，其广七十余尺。陆鸿渐《茶经》尝第其水为天下第一。旧传楚康王为秦将王翦所窘，匿于谷中，因隐焉，故号康王谷。"

②《大清一统志》记载：兰溪在蕲水县东边。蕲水县为今湖北浠水，兰溪口上流五里处即到此泉。王禹偁有诗："甃石封苔百尺深，试尝茶味少知音。惟余夜半泉中月，留得先生一片心。"

③湖北宜昌扇子山下的蛤蟆口水。

④庐山招贤寺下方桥潭水，今人称呼"招隐泉"。

⑤扬子江即长江，南零水即今长江南岸镇江金山寺外中泠泉。

⑥西山瀑布，即洪崖丹井，是南昌的名胜古迹，晋人郭璞曾有诗："左挹浮丘袖，右拍洪崖肩。"

⑦淮源，发源于河南省桐柏县桐柏山太白顶西北侧河谷。

⑧庐山龙池山，应为庐州龙池山。

⑨丹阳寺，今已废，故址在今安徽马鞍山市博望区丹阳镇。丹阳寺井，又名平口井。

⑩扬州大明寺，在今江苏扬州市西北约四公里的蜀岗中峰上，东临观音山。因建于南朝宋大明年间（457—464）而得名。隋代仁寿元年（601）曾在寺内建栖灵塔，又称栖灵寺。这里曾是唐代高僧鉴真大师居住和讲学的地方。

十三^①，玉虚洞香溪水第十四^②，武关西水第十五^③，松江水第十六^④，天台千丈瀑布水第十七^⑤，郴（chēn）州圆泉第十八^⑥，严陵滩水第十九^⑦，雪水第二十。

----

①中零水，在汉水上游。

②玉虚洞香溪，位于湖北秭归东二十里。陆游《入蜀记》："肩舆游玉虚洞。去江岸五里许，隔一溪，所谓香溪也。源出昭君村，水味美，录于《水品》，色碧如黛。"

③武关西水，在今陕西商县。

④松江，古称松江或吴江，亦名松陵江、笠泽江，与东江、娄江共称"太湖三江"。发源于苏州市吴江区松陵镇以南太湖瓜泾口。

⑤天台千丈瀑布，在今浙江天台县。《天台山图》曰：瀑布山，天台西南峰。水从南岩悬注，望之如曳布。

⑥圆泉，位于今郴州市苏仙区坳上镇田家湾村，1987年被郴县（今苏仙区）人民政府列为重点文物保护单位。

⑦严陵滩水，位于浙江桐庐县西富春山下的富春江畔。

（陆羽为）李季卿所说的二十水，庐山康王谷水为第一，无锡惠山石泉为第二，蕲州兰溪石下水为第三，扇子峡蛤蟆口水为第四，虎丘寺井水为第五，庐山招贤寺下方桥潭水为第六，扬子江的南零水为第七，洪州西山瀑布为第八，桐柏淮源为第九，庐州龙池山顶水为第十，丹阳寺井为第十一，扬州大明寺井为第十二，汉江中零水为第十三，玉虚洞香溪水为第十四，武关西水为第十五，松江水为第十六，天台千丈瀑布水为第十七，郴州圆泉为第十八，严陵滩水为第十九，雪水为第二十。

如蛤蟆口水、西山瀑布、天台千丈瀑布，皆羽戒人勿食，食之生疾。其余江水居山水上，井水居江水上，皆与羽经相反。疑羽不当二说以自异，使诚①羽说，何足信也？得非又新妄附益②之邪？其述羽辨南零岸时，特怪诞甚妄也。

翻译

像蛤蟆口的水、西山瀑布、天台千丈瀑布，都是陆羽告诫人们不要饮用的，认为饮用便会生病。其余的江水处在山水之上，井水又处在江水之上，都与陆羽《茶经》所说相反。我怀疑陆羽不应当有这两种说法自相矛盾，如果确实是陆羽所说，哪里值得相信？莫非是张又新胡乱地附会陆羽？他记叙陆羽辨南零水和临岸水的情形时，显得特别怪异荒诞甚至虚妄。

---

① 使诚：如果确实。
② 附益：附会，夸大其辞。

水味有美恶而已，欲求天下之水一一而次第之者，妄说也。故其为说，前后不同如此。然此井，为水之美者也。羽之论水，恶淳①浸而喜泉源，故井取多汲者，江虽长，然众水杂聚，故次山水。惟此说近物理云。

水味有好有坏罢了，想探求天下的水一个一个排次序，是没有根据地乱说。所以他的说法，才会前后如此不同。然而这个井中的水，是水中好味的。陆羽论水，不喜欢积聚不流的水而喜欢有源头的山泉，所以井水要取用打水多的井水，江河虽然很长，但各种水流杂聚，所以要次于山水。只有这种说法才接近事物的道理啊。

①淳：水积聚不流。

欧阳修《浮槎山水记》

原文译注

　　浮槎山^①在慎县南三十五里，或曰浮阁山，或曰浮巢山，其事出于浮图^②、老子之徒荒怪诞幻之说。其上有泉，自前世论水者皆弗道。余尝读《茶经》，爱陆羽善言水。后得张又新《水记》，载刘伯刍、李季卿所列水次第，以为得之于羽，然以《茶经》考之，皆不合。又新，妄狂险谲之士，其言难信，颇疑非羽之说。及得浮槎山水，然后益以羽为知水者。浮槎与龙池山，皆在庐州界中，较其水味，不及浮槎远甚。而又新所记以龙池为第十，浮槎之水，弃而不录，以此知其所失多矣。羽则不然，其论曰："山水上，江次之，井为下。山水，乳泉、石池漫流者上。"其言虽简，而于论水尽矣。

---

　　①浮槎（chá）山：又名浮阁（shē）山、浮巢山。在今安徽肥东县东，与巢湖市接界。《寰宇记》卷一二六"慎县"："浮阁山，亦名浮槎山，在县东南四十五里。"《方舆胜览》卷四八"庐州"：浮槎山"在梁县东南三十五里。按《隋志》云：'有浮阁山。'俗传自海上来，昔有梵僧过而指曰：'此耆阇一峰也。'"
　　②浮图：亦作浮屠，对佛或佛教的称呼，也指和尚、佛塔等。

浮槎山，在慎县（今安徽颍上县）以南三十五里，或叫浮阇山，或叫浮巢山，这种叫法起源于佛教徒、道教徒极其荒唐荒诞虚幻的说法。山上有山泉，以前评论水的人都没有提到（这里有泉水）。我曾读《茶经》，喜爱陆羽擅长谈论水。后来又得到张又新的《水记》，记载刘伯刍、李季卿所列水的优劣等级，以为他们的说法来自陆羽，但以《茶经》考证，都不相符。张又新，是个狂妄阴险的人，他所说的话很难让人相信，我很怀疑并非陆羽的说法。等我得到浮槎山的泉水，然后更加认为陆羽是了解水的人。浮槎山和龙池山，都在庐州界限内，比较它们的水的味道，（龙池山的水）远远比不上浮槎山的水。然而张又新记载中把龙池山的水列为第十，浮槎山的水却舍去而不记录，由此可知他记录缺失的有很多。陆羽却不是这样，他论水说："山泉水最好，江水次之，井水较差。山泉水，从钟乳石、石池缓慢流出的水为最佳。"他的言辞虽然简洁，但对水的论断已达到极限了。

浮槎之水，发自李侯①。嘉祐二年，李侯以镇东军留后②出守庐州，因游金陵，登蒋山③，饮其水。既又登浮槎，至其山，上有石池，涓涓可爱，盖羽所谓乳泉、石池漫流者也。饮之而甘，乃考图记，问于故老，得其事迹，因以其水遗余于京师。余报之曰：李侯可谓贤矣。

🔲 翻译 🔲

浮槎山的水，是李侯发现的。嘉祐二年（1057），李侯以镇东军留后身份出任庐州太守，于是游历金陵，登上蒋山，品尝过那里的水。随后又登上浮槎山，到了山上，山上有石池，池水慢慢流淌，十分可爱，大概就是陆羽所说的从钟乳石、石池缓慢流出的水。李侯饮用泉水后，觉得泉水味道甘美，于是对照方志考证，并向当地老人询问，这才得知其事迹。于是李侯把此水运到京城送给我。我给他回信说：李侯可以说是位贤人呀。

---

①李侯：李端愿，字公谨，开封（今属河南）人。官至太子太保，其父为驸马李遵勖。《浮槎山水记》便是李端愿专门请欧阳修写的文章。

②留后：唐开元十六年（728）之后，节度使入朝遥远，便安排亲信留主后务，称留后，或曰"节度留后""观察留后"，或为"两使留后"。北宋沿唐、五代之旧名以节度观察留后为一正任官。徽宗政和七年（1117）六月，改节度观察留后为承宣使。

③蒋山：金陵山，山的泥石呈紫金色，故称金陵山，后人称紫金山，又名蒋山、钟山。

夫穷天下之物无不得其欲者，富贵者之乐也。至于荫长松，藉丰草，听山流之潺湲，饮石泉之滴沥，此山林者之乐也。而山林之士视天下之乐，不一动其心。或有欲于心，顾力不可得而止者，乃能退而获乐于斯。彼富贵者之能致物矣，而其不可兼者，惟山林之乐尔。惟富贵者而不得兼，然后贫贱之士有以自足而高世。其不能两得，亦其理与势之然欤！

⑤ 翻译 ⑤

穷尽天下的物品，没有自己得不到的东西，这是富贵之人的乐趣。至于享受长松的荫蔽，坐卧在茂密的草上，倾听山溪潺潺流淌，饮着清澈的石泉水，这是隐逸山林之人的乐趣。隐逸山林之人看待天下的乐趣，没有一样能让他们动心的。或许在心里有过想法，考虑到自己的能力不可达到就不再强求了，于是能够退隐在山林而从中获得乐趣。那些富贵的人能够获得物质上的满足，但他们不可能同时兼得的，唯有隐逸山林的乐趣。正因富贵的人不能二者兼得，然后贫贱的士人能够自得其乐并超脱世俗。他们不能二者兼得，也是情理和形势使然。

今李侯生长富贵，厌^①于耳目，又知山林之为乐，至于攀缘^②上下，幽隐穷绝，人所不及者皆能得之，其兼取于物者可谓多矣。

李侯折节^③好学，喜交贤士，敏于为政，所至有能名。

凡物不能自见而待人以彰者有矣；凡物未必可贵而因人以重者亦有矣。故予为志其事，俾世知斯泉发自李侯始也。

三年二月二十有四日，庐陵欧阳修记。

翻译

现在李侯生长在富贵之家，既满足了耳目的快乐，又懂得隐逸山林的乐趣，至于攀缘上下，幽深隐蔽的地方，常人不能到达的地方，李侯都能到达，他同时获取的东西可以说是很多了。

李侯能降低身份，喜爱学习，喜欢结交有才能的人，处理政事谨慎勤勉，所到之处有能干的名声。

有些东西不会显露自己，要等到有人发掘才得以彰显出名，这种情况是有的；有些东西不一定珍贵，要依靠贵人才会变得贵重起来，这种情况也是有的。所以我把这件事记下来，使世人知道这浮槎山的泉水是李侯最早发现的。

嘉祐三年（1058）二月二十四日，庐陵欧阳修记。

---

①厌：满足。

②攀缘：援引他物而上，这里指岩壑一类的险境。

③折节：屈己下人。

尘吻生津，饮之忘忧

　　欧阳修说水的两篇文章《大明水记》《浮槎山水记》，在明代被广泛引用，收入多本茶书中。自陆羽《茶经》以来，论茶必谈水，善写山水的欧阳修，格物致知，为品茶注入了审美与思辨。

　　陆羽《茶经》里说泡茶的山水，特指自然之山泉水。自然的山泉水中又以乳泉、石池之中缓慢流出来的最好。山洞之中石钟乳上滴下来的水，顺着石池慢慢流出的水，经过沉淀后自然澄清。李白写仙人掌茶时，特别写到钟乳。

　　杜育的"挹彼清流"，是讲究慢流沉淀的重要性。要是水流太大，形成瀑布之势，饮用就要小心了，因为这些水会让人得病。在山泉中，有些分支溪流很小，常年不怎么流动，几乎变成死水，在立夏到霜降这段时间里，会有许多虫、蛇一类的毒物在里面放毒，饮用之人要小心分辨，以免受其毒害。倘若不得不用，就要挖开一个口子，将死水、毒水流出，让新泉注入，这样取出来的水才能饮用。

　　至于江水，要跑到很远的地方打水，取用条件不便利，故取用者不多。井水，因为便捷，取用的人多。井水打出来，要静置一段时间后再用。

泡茶用水的要义就是：贵洁、贵冽、贵细、贵漫、贵新、贵活。

早在先秦时，人们已将水分为轻水、重水、甘水、辛水、苦水五种。《吕氏春秋》里提出的"流水不腐，户枢不蠹"已是经典观点。古人认为，喝水太少会使人秃头、咽喉患病，喝水太多会使人脚肿、麻痹，多喝甜水会使人美丽、有福相，多喝辛辣的水会使人长恶疮、生皮肤病，多喝苦水会令人驼背、患鸡胸。吃东西不要吃味道太强烈厚重的，不要用太强烈的味道、浓烈的酒去调味，因为这些都是致病的根源。

陆羽之前，没有专属的泡茶用水。我们来看看《煎茶水记》中记在陆羽名下的宜茶之水名单：

第一、庐山康王谷水；

第二、无锡惠山寺石泉水；

第三、蕲州（今湖北浠水）兰溪石下水；

第四、峡州（今湖北宜昌）扇子峡的蛤蟆口水；

第五、苏州虎丘寺井水；

第六、庐山招贤寺下方桥潭水；

第七、扬子江南零水（在今江苏镇江）；

第八、洪州（今江西南昌）西山瀑布水；

第九、唐州（今河南南阳）柏岩县淮源水；

第十、庐州（今安徽庐江）龙池山顶水；

第十一、丹阳观音寺井水；

第十二、扬州大明寺井水；

第十三、汉江金州（今陕西安康）上游中零水；

第十四、归州（今湖北秭归）玉虚洞香溪水；

第十五、商州（今陕西商县）武关西水；

第十六、松江水；

第十七、天台山西南峰千丈瀑布水；

第十八、郴州圆泉水；

第十九、桐庐严陵滩水；

第二十、雪水。

唐代张又新不仅记载了陆羽品水的传奇故事，还记载了刑部侍郎刘伯刍的另一份品水排名：

扬子江南零水第一；

无锡惠山寺石泉水第二；

苏州虎丘寺井水第三；

丹阳观音寺井水第四；

扬州大明寺井水第五；

松江水第六；

淮水最差，第七。

张又新为了验证这种说法，自己跑到泉水所在地验证。在桐庐严子陵钓台，张又新用陈黑的劣质茶来泡，都能泡出芳香，再泡佳茶，清新香醇得不知道怎么形容。他认为陆羽与刘伯刍的品水功夫都值得怀疑。

欧阳修写《大明水记》，指出陆羽《茶经》和张又新《煎茶水记》记载中说法上的矛盾。他指出陆羽一人却有如此矛盾的两种说法，其真实性待考。他怀疑是张又新自己附会之言，而陆羽分辨南零之水与临岸之水的故事更是虚妄。

水味仅有好坏之分，将天下之水分等级着实有点虚妄，所以说法前后对不上。陆羽评论水，不喜欢停滞的水、喜欢有源头的水，因此井水要取用常汲常新的，江水虽然是流动的但有支流加入，很多水流混杂在一起，所以比不上山泉水，这样的说法比较接近事物的道理。

后世也有人对欧阳修的水论不以为然。为什么呢？因为蛤蟆口的水。欧阳修把蛤蟆口水列为像西山瀑布、天台千丈瀑布一样的水，这显然是不对的。因为宜昌蛤蟆口的水是山泉水。瀑布水是断崖落差造成的，上流往往由多条溪流构成，来源复杂。而山泉水，特指有唯一泉眼的自然水。

因为张又新的记载，蛤蟆口成为胜景，来过很多名人。

欧阳修写过《虾蟆碚》一诗:"石溜吐阴岩,泉声满空谷。能邀弄泉客,系舸留岩腹。阴精分月窟,水味标茶录。共约试春芽,枪旗几时绿。"

这与苏轼过宜昌时看到的情形差不多。苏轼有诗《虾蟆背》:"蟆背似覆盂,蟆颐如偃月。谓是月中蟆,开口吐月液。根源来甚远,百尺苍崖裂。当时龙破山,此水随龙出。入江江水浊,犹作深碧色。禀受苦洁清,独与凡水隔。岂惟煮茶好,酿酒应无敌。"都说这地方水好,能泡出好茶,能酿成好酒。

黄庭坚来到蛤蟆口,顺着他纪录片式的镜头,我们从江上来到蛤蟆口内部:"从舟中望之,颐项口吻,甚类虾蟆。寻泉入洞中,石气清寒,泉出石骨,若虬龙吼。水流循虾蟆背,垂鼻口间,乃入江。"

陆游也来了。他在《入蜀记》里写道:"登虾蟆碚,《水品》所载第四泉是也。虾蟆在山麓,临江,头、鼻、吻、颔绝类,而背脊疱处尤逼真,造物之巧,有如此者。自背上深入,得一洞穴,石色绿润,泉泠泠有声,自洞出,垂虾蟆口鼻间,成水帘入江。是日极寒,岩岭有积雪,而洞中温然如春。"

范成大在《吴船录》中写道:"黄牛峡尽则扇子峡,虾蟆碚在南壁半山,有石挺出,如大蟆,呿吻向江。泉出蟆背山窦中,漫流背上散下。蟆吻垂颐颔间如水帘以下于江。时水方涨,蟆去江面才丈余,闻水落时,下更有小矶承之。张又新《水品》亦录此泉。蜀士赴廷对，或挹取以为砚水。过此，则峡中滩尽矣。"

此时，建在夷陵的欧阳修祠堂已圮坏，唯江水滔滔不绝。

到了明代，徐献忠在《水品》中说，陆羽能辨别扬子江南零水的水质，并非瞎说乱讲。他觉得"南零洄洑渊渟，清激重厚，临岸故常流水尔，且混浊迥异，尝以二器贮之，自见。昔人且能辨建业城下水，况零、岸固清浊易辨，此非诞也。"

当然徐献忠也批评了陆羽品水粗的一面。他说："自予所至者，如虎丘石水及二瀑水，皆非至品……予尝就长桥试之，虽清激处亦腐梗作土气，全不入品，皆过言也。"

田艺衡为《水品》所作序中有句话，读来令人欢喜：尘吻生津，自谓可以忘渴也。

蔡襄《茶录》

作者介绍

蔡襄（1012—1067），字君谟，福建仙游人。蔡襄为北宋名臣，所到之处皆有政绩。他精于书法，与苏东坡、米芾、黄庭坚并称为「宋四家」。其诗文清妙，所著诗文收入《蔡忠惠公文集》。今人编辑有《蔡襄全集》。

原文译注

序

朝奉郎右正言同修起居注臣蔡襄上进：臣前因奏事，伏蒙陛下谕，臣先任福建转运使日，所进上品龙茶最为精好。臣退念草木之微，首辱陛下知鉴，若处之得地，则能尽其材。昔陆羽茶经①，不第②建安之品；丁谓茶图，独论采造之本，至于烹试，曾未有闻③。臣辄条数事，简而易明，勒成二篇，名曰茶录。伏惟清闲之宴，或赐观采，臣不胜惶惧荣幸之至。谨叙。

---

①《茶经》是一部伟大的茶学著作，由唐代陆羽创作，讲述了茶的产地、制作、饮法以及茶道思想等。因时代局限，《茶经》对福建茶并未做太多的介绍，对云南茶则根本没有言及。

②第：品第。

③丁谓在担任福建转运使期间，在北苑监制龙凤团茶，每年制作大龙凤茶各二斤，每斤八饼，"社前十日即采茶，日数千工聚而造之，即入贡"。丁谓所作《北苑茶录》是福建茶的先声之作，"建安茶品，甲于天下，凝山川至灵之卉，天地始和之气，尽此茶矣"。

朝奉郎、右正言、同修起居注、臣蔡襄上书：臣前面因为向皇帝陈述事情，承蒙陛下告知，臣以前任职福建转运使的时候，向朝廷进献的上品龙茶的品质最精良。臣告退后想，茶叶这样细微的草木，首次让陛下屈尊赏识和鉴别，如果能将它放在适宜生长的土壤，就能物尽其才。以前陆羽的《茶经》，没有品第建安一带的茶；丁谓的《茶图》，只是论说了采摘、制茶的方法，至于怎样烹饮，就没有讲过。臣就分条列出一些情形，简明扼要地写成两篇，命名为《茶录》。希望陛下在召见臣的时候，间或就观察采择赐教一二，臣不胜惶恐荣幸之至。谨以此为序。

上篇　论茶

色

茶色贵白，而饼茶多以珍膏油其面，故有青黄紫黑之异。

善别茶者，正如相工之视人气色也，隐然察之于内，以肉理润者为上。既已末之，黄白者受水昏重，青白者受水鲜明，故建安人斗试，以青白胜黄白。

翻译

茶色以白为贵，饼茶大部分都在表面涂有珍膏，所以茶饼的表面呈现为青黄紫黑等不同颜色。

善于鉴别茶的人，就像善于相面的人观察人的气色，就能隐隐约约观察内部一样，以质地润泽的茶为最佳。茶饼已经研成粉末，黄白色的茶末入水后茶色昏重，青白色的茶末入水后茶色鲜明，所以建安人斗茶，认为青白者胜过黄白者。

香

茶有真香。而入贡者微以龙脑和膏，欲助其香。建安民间试茶，皆不入香，恐夺其真。若烹点之际，又杂珍果香草，其夺益甚。正当不用。

□ 翻译 □

茶有一种本原的香。进贡的人会稍微加点龙脑调制茶膏，想让茶闻起来更香。建安民间品茶，都不会加入外香，是担心夺了茶本来的香。要是在烹茶点茶的时候，添加珍果香草，更会夺走茶的本来的香。正常喝茶是不用添加香料的。

味

茶味主于甘滑，惟北苑凤凰山连属诸焙^①所产者味佳。隔溪诸山虽及时加意^②制作，色味皆重，莫能及也。又有水泉不甘，能损茶味，前世之论水品者以此。

翻译

茶味的主要特征是甘滑。以北苑凤凰山连属那些焙场所生产出来的茶味最好。隔溪那些山里的焙场虽然已经很及时用心地地制作，但茶的色味都重浊，赶不上凤凰山的茶。另外，水泉不甘甜，会损害茶味，以前论述水的品级的人都会提到这点。

---

①焙：此处指焙场。

②加意：特别留意。

藏茶

茶宜蒻叶①而畏香药，喜温燥而忌湿冷。故收藏之家以蒻叶封裹入焙中，两三日一次用火，常如人体温温，则御湿润。若火多，则茶焦不可食。

🔲 翻译 🔲

茶饼适宜用柔嫩的香蒲叶而忌用香药，喜欢温燥的环境而忌讳湿冷。所以藏茶的人要把茶饼包裹在柔嫩的香蒲叶中放入焙笼，两三日焙火一次，火温要使茶饼保持在人体温度，就能抵挡潮湿。要是火温高了，茶叶就会变焦而不可食用。

---

①蒻叶：柔嫩的香蒲叶。

炙茶

茶或经年①，则香色味皆陈。于净器中以沸汤渍②之，刮去膏油一两重乃止，以钤③钳之，微火炙干，然后碎碾。若当年新茶，则不用此说。

🔲 翻译 🔲

过了一年或若干年，茶的香色味就都会变得陈旧。在干净的器皿中以开水冲洗饼面，刮去一两层膏油才停止，再拿茶钤夹住茶饼，用小火烤干，再用茶碾碾碎。如果是当年的新茶，就不必采用这种观点。

①经年：指经过一年或若干年。
②渍：冲洗。
③钤(qián)：茶钤，炙干茶叶的铁制器具。

碾茶

碾茶先以净纸密裹椎^①碎，然后熟碾。其大要：旋碾则色白，或经宿^②，则色已昏矣。

翻译

碾茶的时候应先用干净的纸将茶饼包裹严密椎碎，然后仔细地碾成末。碾茶的要旨在于：将它椎碎后要立刻碾成末，茶色才会白，如果放置一个晚上再碾，茶色就变暗了。

---

①椎（chuí）：敲打东西的器具。
②经宿：经过一夜的时间。

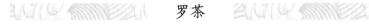

罗茶

罗①细则茶浮，粗则水浮。

翻译

茶筛的筛孔细密，茶末就精细，烹点时茶末会浮于水面；茶筛的筛孔粗大，茶末就粗大，烹点时水会浮在茶末上。

---

①罗：茶罗，即茶筛。

候汤①

候汤最难。未熟则沫浮，过熟则茶沉，前世谓之蟹眼②者，过熟汤也。况瓶中煮之，不可辨，故曰候汤最难③。

回 翻译 回

等待水沸最难。热水没有煮开，点茶时茶末会漂浮在水面；热水煮过头，点茶时茶末会沉入水底，以前的人说的"蟹眼"，就是热水煮过头了。况且在瓶中煮水，不好分辨是否煮过头，所以说"等待水沸最难"。

---

①候汤：点茶专业术语，指等待水烧开。

②蟹眼：烧水专业术语，指像蟹眼那么大的水泡。苏轼《试院煎茶》："蟹眼已过鱼眼生，飕飕欲作松风鸣。"陆游《午睡》："聊呼蟹眼汤，瀹我玉色尘。"

③宋代点茶，烧水环节不像唐代用开口锅，而是直接把汤瓶放在炭火上。因为看不到汤瓶中水的状况，就需要听水的响声来辨别。

熁^①盏

凡欲点茶，先须熁盏令热，冷则茶不浮。

□ 翻译 □

凡是想要点茶，要先把盏在火上烤热，盏冷则茶末浮不起来。

---

①熁（xié）：烤。

点茶

　　茶少汤多则云脚散①，**汤少茶多则粥面聚。**建人谓之"云脚、粥面"。钞茶一钱匕，先注汤，调令极匀，又添注入，环回击拂。汤上盏可四分则止，视其面色鲜白，著盏无水痕为绝佳。建安斗试，以水痕先退者为负，耐久者为胜，故较胜负之说，曰相去一水两水。

　　🔲 **翻译** 🔲

　　点茶时茶少热水多，盏中汤花会如同云脚一般散乱；热水少茶多，盏中汤花会如同粥面一样聚集。建安人把这样的情形叫"云脚""粥面"。（正确的点茶方法是，）用茶匙取一钱茶末，先注入一点热水，调制得极均匀，再注入热水，来回搅拌。当热水注入茶盏的十分之四处就停止注水，看上去茶色鲜亮纯白，茶盏边沿没有水痕为最上等。建安一带的人们比赛点茶，茶盏边沿水痕先出现的就算失败，长时间无水痕的为胜，所以斗茶比较谁胜谁败，说相差一水两水。

---

　　①云脚散：简称云脚，指点茶时汤花不能持久，甚至随点随散，是茶艺水平不高的典型表现。蔡襄认为造成云脚散的原因是茶汤比例不对；宋子安在《东溪试茶录》里认为是茶品问题："土瘠而芽短，则云脚涣乱，去盏而易散。"赵佶在《大观茶论》里则认为这是操作手法问题。

下篇　论茶器

茶焙

茶焙，编竹为之，裹以蒻叶。盖其上，以收火也。隔其中，以有容也。纳火其下，去叶尺许，常温温然^①，所以养茶色香味也。

茶焙，用竹篾编织而成，裹上柔嫩的香蒲叶。上面用盖盖上，用来聚集火气。在中间分隔，以便有盛载茶的地方。（焙茶时）炭火置于茶焙底下，距离茶叶有一尺左右，火力保持恒温，因此能保养好茶的颜色、香气、味道。

---

①温温然：温暖貌。冯贽《云仙杂记·自暖杯》："内库有青酒杯……以酒注之，温温然有气相次，如沸汤。"

茶笼

茶不入焙者，宜密封裹，以蒻笼盛之，置高处，不近湿气。

□ 翻译 □

茶如果不存放在茶焙里，就应拿纸密封严实，再用香蒲叶编成的茶笼盛放，存放在高处，不靠近湿气。

砧椎

砧椎盖以碎茶。砧以木为之，椎或金或铁，取于便用。

🔲 翻译 🔲

砧板与茶椎是用来椎碎茶饼的工具。砧板用木头制造，茶椎用黄金或者铁制造，取其方便使用。

茶钤

茶钤，屈金铁为之，用以炙茶。

🔲 翻译 🔲

茶钤，弯曲黄金或者铁做成，用来炙烤茶饼。

茶碾

茶碾以银或铁为之。黄金性柔，铜及鍮石^①皆能生鉎^②，不入用。

⑤ 翻译 ⑤

茶碾用银或铁制造而成。黄金性质柔软，铜和鍮石都容易生锈，不合用。

---

① 鍮（tōu）石：黄铜矿石。
② 鉎（shēng）：铁锈。

茶罗

茶罗，以绝细为佳。罗底用蜀东川鹅溪画绢[①]之密者，投汤中揉洗以幂[②]之。

茶筛，以非常细密的为好。筛底要使用四川东川县鹅溪所生产的画绢帛中最细密的，放到热水中揉洗干净后，再覆盖在筛底上。

---

①鹅溪绢：产于四川省盐亭县鹅溪的绢帛。唐代为贡品，宋人书画尤重之。
②幂：覆盖，罩。

茶盏

茶色白，宜黑盏。建安所造者绀①黑，纹如兔毫②，其坯③微厚，熁之久热难冷，最为要用④。出他处者，或薄，或色紫，不及也。其青白盏，斗试家自不用。

翻译

茶汤色白，适宜用黑盏。建安制造的茶杯，颜色黑中带红，纹理形状如同兔子的毫毛，它的坯胎略微有点厚，烤盏后长时间发热不容易冷却，是（点茶）最重要的道具。其他地方出产的茶盏，有的坯胎薄，有的颜色紫红，都比不上建安造的茶盏。还有一种青白色的茶盏，比试点茶之人自然不会使用它。

---

①绀（gàn）：黑里透红的颜色。

②兔毫：斑纹形态中透出均匀细密的丝状筋脉条纹，形如兔子的毫毛。

③坯：土坯。这里指建盏的坯胎。

④要用：具有重要的用途之物。

茶匙

茶匙要重，击拂有力。黄金为上，人间以银、铁为之。竹者轻，建茶不取。

📖 翻译 📖

茶匙要有重量，击拂时才有力。以黄金制造的为上品，民间是用银或铁制造的。竹子制造的茶匙太轻，建安茶不采用它。

汤瓶

瓶要小者，易候汤，又点茶、注汤有准。黄金为上，人间以银、铁或瓷、石为之。

翻译

煮水的瓶子要小，等候水煮开比较容易，点茶、注水也有把握。以黄金制造的汤瓶为上品，民间是用银、铁或者用瓷、石制造。

后序

臣皇祐中修起居注，奏事仁宗皇帝，屡承天问以建安贡茶并所以试茶之状。臣谓论茶虽禁中语^①，无事于密，造茶录二篇上进。后知福州，为掌书记^②窃去藏稿，不复能记。知怀安县^③樊纪^④购得之，遂以刊勒，行于好事者，然多舛谬^⑤。臣追念先帝顾遇^⑥之恩，揽本流涕，辄加正定^⑦，书之于石，以永其传。治平元年五月二十六日，三司使给事中臣蔡襄谨记。

---

①禁中语：帝王在宫内与亲近者所说的不公开的话。《南史·何敬容传》："又多漏禁中语，故嘲诮日至。"

②掌书记：官名，主掌文书等事务。宋初属于一路军政、民政机关中的僚属。

③怀安县：中国古县名，历史上辖境大致为现今的福建省福州市区和闽侯县的一部分。

④樊纪：曾在怀安县修路建桥，颇有清名。

⑤舛谬（chuǎn miù）：差错，荒谬，错乱。

⑥顾遇：被赏识而受到优遇。《后汉书·李固传》："固狂夫下愚，不达大体，窃感古人一饭之报，况受顾遇而容不尽乎！"

⑦正定：校订改正。

翻译

　　臣在皇祐年间参与修撰"起居注"，经常有事上奏于仁宗皇帝，多次承蒙先帝垂问建安贡茶以及用来试茶的情形。臣认为，先帝与臣谈论茶虽然是不公开的对话，但并不是需要保密的事情，因此写成《茶录》两篇进献给先帝。后来我主持福州事务时，被掌书记偷走所藏文稿，不再能背写出来。怀安县令樊纪买到文稿，就刻印出来，流传于一些爱好茶事的人中，但有很多错乱谬误。臣追忆怀念先帝赏识优待的大恩，抱着刻本流泪不止，于是加以校订改正，书写在碑石上，以延长它的传播。治平元年（1064）五月二十六日，三司使给事中臣蔡襄谨记。

蔡襄小传

　　蔡襄以书法家、文学家、茶人闻名于世，他在《谢赐御书诗表》中的署衔有二十七个字："朝奉郎起居舍人知制诰权同判史部流内铨上骑都尉赐紫金鱼袋。"他为官二十余年，先后任西京留守推官、馆阁校勘，继以秘书丞、集贤校理、知谏院兼修起居注与三司使，曾在漳州、泉州、福州、开封、杭州等多地任职。

　　蔡襄为官正直，政绩显著，后人也极为认可他在科学文化方面做出的重要贡献。蔡襄所撰《荔枝谱》是世界最早介绍荔枝的专著；所创制的"小龙团"影响深远；所撰的《茶录》被誉为是陆羽《茶经》后又一重要的茶学著作。

　　《宋史·蔡襄传》即以他的义举作为开篇。年轻时候的蔡襄，看不惯忠臣被贬、奸臣当道，遂作《四贤一不肖》诗，讨伐不肖之徒，力赞忠义之人。《四贤一不肖》分别讴歌范仲淹、尹洙、余靖、欧阳修等四人，怒斥高若讷为不肖之徒。

　　蔡襄这首《四贤一不肖》诗，立场鲜明地把贤人与小人一并摆上台面，说出士子心中的愤懑，在京城被争相传诵抄写，一时洛阳纸贵。当时契丹使者刚好到开封，买了此诗返归，在幽州旅馆张贴，蔡襄因此声名远播。

事情的起因是这样的。乾兴元年（1022），宋真宗驾崩，年仅十二岁的宋仁宗继位，太后垂帘听政，朝政大权掌握在宰辅吕夷简等人之手，吏部员外郎范仲淹上《百官图》，讽刺宰辅吕夷简任人唯亲，弄权谋私。吕夷简看到图后很不高兴，但一直隐忍不发。直到景祐三年（1036），辽国蠢蠢欲动，时任开封府尹的范仲淹提议迁都洛阳，吕夷简乘机发难，在仁宗的支持下，范仲淹被扣上离间君臣关系、结成朋党的罪名，之后被贬黜到饶州。

集贤院校理余靖为范仲淹辩护施救，被贬。

馆阁校勘尹洙上书说，自己与范仲淹是师友关系，也是朋党，理应与范仲淹同贬，故被贬。

欧阳修是怎么卷进来的呢？他是看不惯。当时有一位谏官叫高若讷，颇有才名，在范仲淹被贬后落井下石，引发了欧阳修的不满，遂写下《与高司谏书》，痛骂高若讷趋炎附势，"足下非君子""此君子之贼也"，之后被贬。

范仲淹、欧阳修等人被贬，钱行之宴连办了好多次，蔡襄多日都在其中。在某天晚宴上，蔡襄吟唱出《四贤一不肖》诗，在场的士子们高歌此诗，大家议论纷纷，场面十分壮观。多年以后，欧阳修在《于役志》里回忆道："君谟作诗，道滋击方响，穆之弹琴。"

欧阳修身边，都是风雅之辈，"公期烹茶，道滋鼓琴，余与君觊奕。已而，君谟来。景纯、穆之、武平、源叔、仲辉、损之、寿昌、天休、道卿，皆来会饮"。那个时候，薛仲孺烹茶、蔡襄作诗，孙道滋弹琴，欧阳修与王拱辰下棋，大家都在一起饮茶。

景祐四年（1037），吕夷简失势。蔡襄到洛阳接任欧阳修的留守推官。在洛阳，他与张士逊切磋文法，厘清了文与道的关系。蔡襄领悟到，写文章不是为了官职速进，为官者要看文牍理政务察民情。蔡襄与宋绶切磋书法，奠定了自己的风格，并因宋绶的赏识，而获得士人推崇。

这里要插一句，康定元年（1040），推荐范仲淹以龙图阁直学士担任陕西经略安抚副使的，是还相于朝的吕夷简。宋人的动人之处就在这些地方，你我可能政见不合，但依旧能相互欣赏。王安石与苏轼等人的交往亦是如此。

庆历三年（1043），朝廷独立设谏院，与御史台合称"台谏"，谏官称为司谏、正言。蔡襄担任的就是右正言。谏官的职责：一是向皇帝提出批评与建议，对朝廷的决策进行评议；二是对各部门官员谏议得失，宰相是主要的监察对象。谏官选拔很严格，不仅人品、文化要过关，还必须有重臣推荐，最后由皇帝亲自选定。宋代谏官与唐代不同，唐代谏官是由宰相来定人选，而宋代恰恰是为了限制相权，才由皇帝来定人选。

蔡襄担任谏官后，为进谏之路开放而欢喜，同时也担心正人君子难以长久立于朝廷，他向皇帝进言说："担任谏官不难，听取进谏却是难事；听取进谏不难，采纳谏言、按谏言办事却是难事。"宋仁宗在位期间，是谏官的黄金时代，他们充当天子耳目，纠正大臣过错。有一位宽仁的皇帝，爱提意见的臣子才得以大胆进言。

庆历七年（1047），三十六岁的蔡襄出任福建路转运使。宋代的转运使为漕司，掌管一路的财政收入，兼管边防、刑狱以及考察地方官吏。蔡襄在建瓯考察，深入到北苑贡茶生产地了解茶的制作，写有《北苑十咏》。当时的官焙有三十二个，但能做贡饼的很少。蔡襄一改过去进贡大饼的传统，把八饼一斤的茶改为二十饼一斤，把大团茶改为小团茶，选材上革新过去老嫩不分、新旧不分的弊病，只用细嫩茶芽做成精致小团茶。为了让小团茶更具有观赏性，蔡襄研制了很多压茶模具，除龙凤图案外，还有花草图案；茶饼形状除了圆形外，还有椭圆形、四方形、菱形，外形艺术化的尝试，让小团茶获得皇帝的青睐和一众官员的赞赏。欧阳修讲，自己奋斗了二十年，才获赐一枚小饼，贵客上门才请出来赏玩。

皇祐三年（1051），蔡襄回京复任谏官右正言，兼判三司盐铁勾院。盐、铁、茶都是由国家专卖，是国家税收的主要来源。在京期间，蔡襄与爱茶的宋仁宗有机会在一起喝茶，切磋斗茶技巧。宋仁宗经常问起北苑茶的情况。

茶圣陆羽写的《茶经》中，没有谈到福建建安茶，因为建安茶是在唐末才逐渐有名，到了五代才成为贡茶。丁谓在任福建路转运使的时候，进贡龙凤团茶，誉满京华。丁谓又编撰了三卷本的《北苑茶录》（也叫《建安茶录》），供君臣赏读。

蔡襄创制了小龙团，对茶的见解也非常独到，皇祐四年（1052），蔡襄向皇帝进献了自己深入研究的《茶录》。

皇帝爱蔡襄进贡的茶，也爱他的书法。

皇祐五年（1053），皇宫重修失火被毁的奉神殿。蔡襄受命摹写真宗皇帝的《奉神述》。仁宗皇帝亲自来写碑额，蔡襄来写内文。写完以后，仁宗很满意，御书"君谟"二字赐之。

蔡襄的"襄"有辅佐之意，"谟"是谋略的意思，"君谟"自然就是为君谋略。蔡襄为了答谢皇帝对自己的恩宠，写了《谢赐御书诗表》，现仍存于世。

《宋史·蔡襄传》里说，蔡襄书法为当时第一。苏轼也说蔡襄书法本朝第一。宋仁宗尤其爱蔡襄的书法，经常让蔡襄书写各种东西，但你别以为皇帝让臣子撰写就每次都会写，宋仁宗还真被蔡襄拒绝过一次。至和元年（1054），宋仁宗命蔡襄撰《温成皇后〔父〕碑文》，蔡襄以不是分内事拒绝了。

欧阳修说，蔡襄这个人，非常珍惜自己的笔墨，也因为如此，才更显得珍贵。欧阳修本人也非常喜欢蔡襄的字。蔡襄在给欧阳修写的一封信里说到自己拒绝仁宗皇帝的原因："从前得以侍奉陛下，经常有圣旨令我书写御撰碑文、宫寺题榜，甚至有功劳和仁德的大家族，也请求朝廷下令让我书写。我近来认为书写碑志，就会有财物的收益；若奉朝廷之命书写，就有专门机关保存，那是待诏的职责。我现在与待诏争利，这样是对的吗？因此极力推辞了。"

蔡襄留有很多轶事。

蔡襄是个大胡子，人称美髯翁。有一天宋仁宗问蔡襄："你的胡须非常漂亮，晚上睡觉时是把它盖在被子之下，还是把它放在被子外面呢？"蔡襄一时语塞，他无法回答，因为他也没注意。蔡襄当天晚上睡觉时，想着仁宗的话，先是把胡须放在被子外面，觉得不对劲，又把胡子放在里面，还是觉得不对劲，搞得一个晚上都没有睡好觉。

蔡襄在福建路任转运使时，修建了中国第一座海港大石桥万安桥，横跨泉州湾。在江底沿着桥梁中线抛掷了大量的大石块，形成一条横跨江底的矮石堤，以此作为桥墩的基址。然后用一排横、一排直的条石砌筑桥墩，再种海蛎以固桥基，以减缓江流速度，使不致动摇桥墩两侧基础。桥成之后，蔡襄手书《万安桥记》并刻石立碑："渡实支海，去舟而徒，易危而安，民莫不利。"

蔡襄还组织人马，从福州始沿途栽植树木至泉州、漳州，共计七百里长。它既可防止水土流失，又可遮掩道路，使过往客商在炎日酷暑之时免受骄阳暴晒之苦。当地民谣唱道："夹道松，夹道松，问谁栽之我蔡公，行人六月不知暑，千古万古摇清风。"蔡襄年轻时候作有《青松颂》：

> 谁种青松在塔西，塔高松矮不相齐。
> 时人莫道青松小，他日松高塔又低。

福建建安能仁寺的和尚送给蔡襄四饼茶，名叫"石岩白"，是寺里岩石缝里生长出来的，非常珍贵，一年才能做成八饼。一年多后，蔡襄回到京师开封，去拜访朋友王禹玉。王禹玉用上好的茶招待他，他端着碗还没有喝，只用鼻子闻了闻，就说："这茶极像能仁寺的石岩白，你是怎么得到的？"王禹玉不大相信，就去找茶帖来查验，一看，果然是"石岩白"，于是对蔡襄的鉴茶本领很是佩服。

蔡襄写有《茶录》，而天下人皆以斗茶能赢他为荣。他在杭州任职期间，当地有官妓就因为斗茶胜过他而暴得大名，后又获得苏轼等人赏识而得以脱籍。

范仲淹诗作《和章岷从事斗茶歌》里有一句为"黄金碾畔绿尘飞，碧玉瓯中翠涛起"，蔡襄觉得形容得不妥，因为在时人看来，最好的茶颜色是白的，翠绿的茶是下等茶，所以他建议把"绿尘飞"改为"玉尘飞"，把"翠涛起"改为"素涛起"。《四库全书》收录范仲淹此诗时，就是参照蔡襄的意见修改的。

现在藏于台北故宫博物院的《思咏帖》，其内容是皇祐三年（1051）蔡襄写给冯京的信。冯京，字当世，就是"错把冯京当马凉"的主角，也是宋代最后一位连中解元、会元、状元的三元及第者。信里说：

> 襄得足下书，极思咏之怀。在杭留两月，今方得出关，历赏剧醉，不可胜计，亦一春之盛事也。知官下与郡侯情意相通，此固可乐。唐侯言：王白今岁为游闰所胜，大可怪也。初夏，时景清和，愿君侯自寿为佳。襄顿首，通理当世屯田足下。大饼极珍物，青瓯微粗。临行匆匆致意，不周悉。

"王白""游闰"是建安名茶。建安王家的白茶闻名天下，只有一株，一年只可以做五到七饼茶，每饼如五铢钱大小（相当于今天5分钱硬币大小）。"王白"最高峰的时候，傲视群山，一饼茶值钱一千，不是亲朋好友是不可能喝到的。"游闰"是游家闰的缩写，是建安名茶。"大饼"是龙团大饼，"青瓯"是龙泉青瓷。

王家白茶名气过大，遭人妒忌，茶树被人用计致其枯萎。治平二年（1065），王家白茶树再次发出新枝，造得一小饼茶，主人王大诏长途跋涉带到京城请蔡襄品鉴，蔡襄铭感于心，作《茶记》记之。

今天普洱茶著名村寨老班章、冰岛，每年拍卖茶王树大单株，动辄就是几十万起，大有宋人玩茶之风。而老班章茶王树自2020年来开始枯萎，如今几近死亡，故事亦近王家白茶树。

有一次苏舜元和蔡襄斗茶，蔡襄的茶不但好，而且用有名的惠山泉点茶。苏舜元的茶稍差点，但他用竹沥水点茶，最后逆袭取胜，斗败了蔡襄。蔡襄的《茶录》里没有写水，可能是蔡襄对水之利害处还没有那么深的体会。惠山泉是宋代文人的最爱，蔡襄为欧阳修书写《集古录自序》，欧阳修以大小龙茶、惠山泉等为润笔。蔡襄有诗作《即惠山煮茶》：

> 此泉何以珍，适与真茶遇。
>
> 在物两称绝，于予独得趣。
>
> 鲜香箸下云，甘滑杯中露。
>
> 当能变俗骨，岂特湔尘虑。
>
> 昼静清风生，飘萧入庭树。
>
> 中含古人意，来者庶冥悟。

蔡襄与师友之间常互赠茶叶。蔡襄把家乡福建的茶送给退休的宰辅杜衍。杜衍为北宋名相，欧阳修的老师。杜衍写了一首诗道谢，蔡襄便写了《和杜相公谢寄茶》：

> 破春龙焙走新茶，尽是西溪近社芽。
> 才拆缄封思退传，为留甘旨减藏家。
> 鲜明香色凝云液，清彻神情敌露华。
> 却笑虚名陆鸿渐，曾无贤相作诗夸。

杜衍唯一存世的墨迹《珍果帖》里就记载了蔡襄送他新茶与荔枝后，他回赠蜀纸四轴，他写道："新茗有四銙者至奇，近年不曾有"，又说荔枝因路远遭雨"已多损坏"，颇为惋惜。

梅尧臣收到蔡襄寄来的茶后，有《依韵和杜相公谢蔡君谟寄茶》：

> 天子岁尝龙焙茶，茶官催摘雨前牙。
> 团香已入中都府，斗品争传太傅家。
> 小石冷泉留早味，紫泥新品泛春华。
> 吴中内史才多少，从此莼羹不足夸。

梅尧臣在《得福州蔡君谟密学书并茶》里说："茶开片銙

碾叶白，亭午一啜驱昏慵。"有一次，好久没有收到蔡襄寄来的茶，梅尧臣还专门写信询问。

蔡襄赠茶给孙甫，《和诗送茶寄孙之翰》写道：

北苑灵芽天下精，要须寒过入春生。
故人偏爱云腴白，佳句遥传玉律清。
衰病万缘皆绝虑，甘香一味未忘情。
封题原是山家宝，尽日虚堂试品程。

治平三年（1066），蔡襄在杭州任上，这是他去世前的一年，也是他一生中难得清闲的美好时光。

这一年，蔡襄五十五岁，母亲已九十二岁高龄，他过生日便在家举行寿宴。葛公绰寄来惠山泉（又名九龙泉），蔡襄答谢诗写道："多谢山人远祝延，寿杯仍是九龙泉。余生事事无心绪，直向清凉度岁年。"惠山泉从无锡到杭州，距离到开封近了不少，但仍然要消除杂味。他们用细沙过滤泉水，还有一个专门的名号："拆洗惠山泉。"

寒食节前夕，程师孟给蔡襄寄来了好茶，钱公辅送来庶子泉，好茶遇上了好水。杭州人喜欢在寒食清明出游，早出晚归，热闹好玩，蔡襄于是邀约在苏州的程师孟来西湖边走走，一起游园泛舟，烹茶共饮。

端午时节，范仲淹的从事章岷给蔡襄寄来绍兴珍茗卧龙茶，蔡襄评价说，这茶的品质还在另一个绍兴名茶日铸茶之上，昔年的日铸茶品质很高，现在却一代不如一代。

江西双井茶，欧阳修有诗赞之，蔡襄也在《与程修撰帖》里说，双井茶香色气味皆极精好，是为茗芽之冠，不是日铸茶与宝云茶可以比得上的。

十月，蔡母辞世，蔡襄扶柩回莆田老家。

治平四年（1067）八月，蔡襄病逝。

皇帝爱蔡襄的书法，也爱蔡襄做的茶，而蔡襄的茶与书法，也因为皇帝的爱重，在士大夫之间受到推崇。宋茶之风雅，蔡襄有很大的功劳。

说说蔡襄的头衔

蔡襄十九岁中进士，二十岁从政，历任西京留守推官、馆阁校勘、右正言、福建路转运使、知制诰、龙图阁直学士、知开封府、知泉州、翰林学士、三司使、端明殿学士等职，死后赐谥忠惠。

先说蔡襄《茶录》里的署衔："朝奉郎右正言同修起居注。"

朝奉郎是蔡襄此时的文职散官阶。朝奉郎最初名为朝议郎，于隋文帝开皇六年（586）设置，宋太平兴国元年（976）改朝议郎为朝奉郎，秩正六品上。

右正言是蔡襄此时的正官阶。宋初置谏院，以原分隶门下、中书的左右谏议大夫、左右司谏、左右正言为谏官。凡朝政缺失、官员任用不当、各官署事有失当，都可以谏言。

同修起居注是蔡襄此时的差遣官名。为起居院任事者，行门下省起居郎、中书省起居舍人之职事，记录皇帝主持朝会的日常活动和言论。二员并置时带"同"字。

在蔡襄传世的诗文书法里，还有更长的头衔："朝奉郎起居舍人知制诰权同判吏部流内铨上骑都尉赐紫金鱼袋。"

知制诰，唐代设置，宋代沿用，主要职责是起草诏令。起草诏令本来是中书舍人的职责，后常由他官代为行使，称为某官知制诰。由翰林学士带知制诰者为内制，起草由皇帝发出的重要诏令；他官带知制诰者为外制，起草由中书门下发出的一般诏令。

权同判吏部流内铨，古代摄官曰权；二员并置时带"同"字；判吏部流内铨是差遣官名，主管流内铨，即掌管幕职州县官的功过磨勘与差遣注授等。

上骑都尉是勋级名。唐初定勋级十二转：上柱国、柱国、上护军、护军、上轻车都尉、轻车都尉、上骑都尉、骑都尉、骁骑尉、飞骑尉、云骑尉、武骑尉。宋沿袭唐之勋级。北宋淳化元年（990）定文臣京官、幕职州县官始授武骑尉，朝官始授骑都尉，然后历阶而升。勋一般为虚衔，既无职事，也无俸钱。元丰改制后有所变动。

赐紫金鱼袋，是指朝廷特许官品未及者穿紫色官袍佩戴金鱼袋。古代紫色是身份与荣耀的象征。北宋前期三品以上官员（元丰改制后四品以上）可以穿紫色官袍佩戴金鱼袋，不及三品（元丰改制后不及四品）服紫带"赐"字。

宋代官制非常复杂，北宋前期有官制名不副实的特点，

"官"与"差遣"分离。"官"即三省六部、九寺五监等官署的正官，如仆射、尚书、侍郎、郎中、员外郎、卿、少卿等，无职事，只是用来定品位、俸禄，又称"寄禄官"。"差遣"即临时委任的职务名，名称中常带有判、知、权、直、试、管勾、提举、提点、签书、监等字，为实际担任的职事官。此外还有"职"，如殿学士、诸阁学士、直学士、待制等，无职事，为差遣所带荣衔，以提高其资序、威望。神宗元丰年间对官制进行了改革，将"寄禄官"与"职事官"（包括差遣）明确分离。

　　了解一些宋代官制知识对我们理解宋代的诗文非常有帮助。

宋茶为什么贵白？兼说宋茶制作程序

宋茶为什么贵白？

这要从宋代制茶法说起。宋代通过炙、碾、筛等程序，把茶叶打碎成茶末，类似于今天日本的抹茶，通过搅拌充分融茶于水。现在日本的抹茶汤色是绿茵茵一片，喝起来有一股海苔味。绿色，是叶绿素的贡献，海苔味却是氨基酸高的一种表现。日本茶园为了降低茶多酚含量，提高氨基酸以增加鲜爽，就对茶园里大部分的茶树都进行遮阴。

宋代北苑特有的制茶方式，导致了叶绿素大量丢失，所以不像现在日本的抹茶那么绿，而是以白色为主。我们不妨回顾下宋代茶的制作程序。

综合蔡襄《茶录》、赵汝砺《北苑别录》、宋子安《东溪试茶录》、黄儒《品茶要录》、赵佶《大观茶论》等宋代茶文，大致可以把北苑茶的制作过程分为八道主要工序：采茶、拣茶、洗茶、蒸青、榨茶、研茶、造茶、焙茶。

采茶。北苑茶的采摘以建安本地人为主，他们是世代相传的采茶工，有个姓叶的家族就以采摘茶叶著称。采摘时间是惊蛰前后，一般都是在太阳升起之前，采茶时要随身带一个罐子，罐子里装半罐新汲的水，摘下的茶芽先放到罐子中，这是为了保鲜。采摘茶叶的时候，只能用指甲掐。

拣茶。把芽头之外的对夹叶、蒂头（乌蒂）、紫芽这些杂物挑出来。杂物分拣完后，要按照芽头的大小与粗嫩再次进行分类。水芽为上、小芽第二、中芽第三。宋代姚宽的《西溪丛语》卷上说："唯龙园（团）胜雪、白茶二种，谓之水芽。先蒸后拣，每一芽先去外两小叶，谓之乌蒂；又次取两嫩叶，谓之白合；留小心芽置于水中，呼为水芽。"

洗茶。采下的茶芽务必清洗洁净，然后入甑而蒸。赵汝砺《北苑别录》曰："茶芽再四洗涤，取令洁净，然后入甑。"黄儒《品茶要录》曰："盖清洁鲜明，则色香如之。故采佳品者，常于半晓间冲蒙云雾，或以罐汲新泉悬胸间，得必投其中，盖欲鲜也。"茶叶采摘后立即投入装有新泉的罐中清洗。赵佶《大观茶论》曰："故茶工多以新汲水自随，得芽则投诸水。"

蒸青。鲜叶被进一步清洗后，放到烧着开水的甑里进行蒸青，这一步很重要。蒸青不熟则颜色过青还带草木气，蒸青过了则色黄味淡。

榨茶。把蒸好的茶再来回淋几遍水，先经小榨去水，再把茶用布帛包裹起来，外面放上竹皮，放到大榨里压，压到半夜，再把茶取出来，反复揉捻，又放到大榨里压。要是还没有把茶汁压干，就要再次取出来揉捻。如此反复，直到不再有茶汁渗出为止。赵汝砺在《北苑茶录》里说，建安茶"味远力厚"，不是江南茶可比的。江南茶怕茶膏外流，但建安茶则是希望茶膏流尽。

研茶。"榨"后还有一道程序，叫"研"。压榨过的茶再放入瓦盆内用木杵细细捣研，捣研的过程中要加水，按茶的等级加水次数从十六水、十二水、六水、四水到二水不等，每次加水研茶需要研到水干为止，水不干则茶不熟，茶要是不熟的话，表面就不均匀，试茶的时候容易沉底。研茶颇费手力，像名品龙团胜雪，要加十六次水。十二水以上的，一人一天只能研出一团；六水以下，一人一天可以研出三团。

研茶讲究水质，对研茶之人的卫生要求也高，要剃去胡子，要用白头巾裹头，沐浴更衣，修剪指甲。如今茶厂对工作人员的卫生要求也非常严格，许多车间进入时都要求戴头套穿白大褂。

造茶。把研成黏稠状的茶注入茶模，重力压制成茶饼。制茶饼的模具有银、铜和竹等三种材质。蔡襄改制后的茶饼花式各异，有方形、圆形、半圆形、椭圆形、花瓣形、多边形等。皇室饮用的茶大都装饰龙凤图案。如今普洱茶的紧压工艺与宋代造茶工艺非常像，也有很多形状。

焙茶。焙茶也叫过黄。刚刚压制好的茶饼，如果不用火焙干，就容易发霉。焙茶的火候需要掌握好，太猛则色黑，有烟则夺味，要用扇子驱赶烟火。根据茶饼的厚薄，焙火次数大不相同。厚的要焙火十到十五次，薄的也要七到十次。这道工序很耗时，要有耐心，文火焙茶有时候要长达数十日才好。

茶的色香味

　　蔡襄《茶录》以茶的"色香味"开篇，他认为茶的汤色要白色才好，香气要不加任何添加剂的真香，茶味要甘滑。甘滑是指食物鲜美柔滑。

　　色香味并举是茶不同于其他饮品之处。我们日常饮料中的咖啡，大家只关注到咖啡豆为止，注意力在咖啡豆的品种与产地之间，并不关心其颜色，许多喝咖啡的人连咖啡树都没有见过。但咖啡在追求香与味的层面，远远超过茶。目前中国茶界，正在探索像咖啡那样的风味轮，以便让大家了解茶之风味。

　　审美有时代性。

　　陆羽在《茶经》里讲"色香味"，首先讲了茶原生的颜色，就是在树上未经过加工的颜色，以紫色的最好，其次才是绿色。这种审美在宋代已经不再适合。那些偶然变异的紫色茶，做出来效果未必好。云南有紫鹃茶，做成绿茶，喝起来有股茄子水的味道，口感一般。紫鹃茶的茶品，现在也没有推广开来。科学家发现，这些产品只是花青素含量高一些。

陆羽还讲了唐代茶饼要颜色明亮的才好，茶的汤色亦是以明亮为上。

形容茶味，陆羽用的是"隽永"一词，是有余味的意思。这个词语后来没有推广开，大约是文学性太强，茶味不足。蔡襄用"甘滑"取代"隽永"，一下子获得老茶客的欢心，一直用到了现在。甘，现在特指茶有回甘。一般的茶，都能品尝出甘甜的回味，而回甘专指那种持久的甜感、后劲。回甘持续，也意味着茶的内质丰富。

有些茶，它的滋味只停留在舌面、舌头两侧与两腮；有些茶，能够对口腔发起全面的冲击，回甘来自四面八方，越往舌根以及喉咙方面深入，回甘滋味越持久。滋味能下去，又能上来，这才是好茶。

为什么茶会有如此丰富的口感？因为茶汤中有几种主要物质：茶多酚、氨基酸、生物碱与糖类，这些物质分别对应着涩、鲜、苦与甜。一般人饮茶的时候，会先感知到涩与苦，适应苦涩后，茶的甜感才慢慢释放出来，所以才形成先苦后甜的回甘现象。一直甜的只能叫甜，先苦后甜的才叫回甘。

茶多酚中的儿茶素会产生涩感，我们在日常生活中经常会遇到涩感食物。吃到青涩不成熟的果子，喝到葡萄酒、咖啡以及茶叶，都会与涩感遭遇。人类不喜欢这种感觉，故记忆深刻，也会下意识回避。

涩感是怎么产生的呢？植物里的多酚类物质遇到口腔里

唾液中所含有的蛋白质，产生了不可溶的沉淀物，口腔没有之前的润滑，导致了一种强烈的收敛感，口腔与舌面很干很粗糙，也就是我们日常说的涩感。

与香气和味道不同，涩感不归属于味觉，味觉是舌头或鼻子的味觉神经系统对化学刺激的感知，而涩感是口腔中的三叉神经系统对于口腔表面粗糙和摩擦这些机械刺激的感知。

茶多酚是茶的主要化学物，占据茶叶的干物质总量的18%—36%，有些云南大叶种茶甚至达到40%。

绿茶中的茶多酚不氧化，白茶、黄茶、乌龙茶、红茶、黑茶的茶多酚氧化程度依次增强。早些年，科学家以为茶多酚与鞣酸是一回事，说茶里有"茶鞣酸"，其实根本就不是一回事。英国人为了推广印度茶，宣传里说中国绿茶不好，因为没有茶多酚氧化，故没有印度、锡兰红茶里的鞣酸，不能融入茶汤。现在的科学家已经搞清楚，茶里根本没有鞣酸，只有水解鞣质，也叫单宁。

老茶客以及老酒鬼都会意味深长地告诫新手，涩感是好茶与好葡萄酒很重要的一个判断，涩感不强的茶或葡萄酒，后劲会显得不足，只有涩感足够，后劲才大，余味才足，也才能达到陆羽所说的"隽永"。当下普洱茶的某些销售话语，就是借鉴了葡萄酒的涩感理论。

饮茶的时候，让茶汤含在口腔中约15秒，可以充分感受到涩感。涩感可以通过吃高蛋白的物质来缓和，比如奶类与肉类。涩感会在氧化中消退，这是喝陈年普洱茶与品饮陈年葡萄酒觉得涩感弱的原因。不过，茶自己也有蛋白质，主要构成物质就是氨基酸。

氨基酸是组成蛋白质的基础物质，占据茶叶干物质总量的1%—2%。氨基酸产生了茶的鲜爽感，日常生活中炒菜使用的味精就属于氨基酸的一种，很多吃起来爽口的水果，都是氨基酸作用于味蕾的结果。

绿茶蒸青后，会有腥甜味、海苔味、紫菜味等，这是氨基酸挥发的效果。绿茶的品质，与氨基酸的表现有很大关系，氨基酸还能缓解茶的苦涩味，增加甜味。

氨基酸在不同的环境下表现不一样，光照弱，叶子小，都有利于提高氨基酸的含量。日本很多茶园都种植可以遮挡光线的大树来为茶树遮阴，有些茶园直接用遮光板来阻挡日照。

生物碱由咖啡碱、可可碱与茶叶碱构成，茶汤口感表现为辛辣与涩味。

令人意想不到的是，茶叶里的咖啡碱含量比咖啡豆里的含量还要多，茶叶里含有2%—4%的咖啡碱，而咖啡豆中只含有0.5%—1.6%。大叶种以及遮阴茶园中，咖啡碱含量很高，夏茶又比秋茶高，茶芽比茶叶高，所以有些专家往往会强调夏茶的意义。

绿茶在高温加工中会升华部分咖啡碱，相对于红茶来说，咖啡碱少了很多，加上有些绿茶泡茶温度低于80度，咖啡碱没有溶出，故绿茶茶汤中咖啡碱含量低。红茶的"冷后浑"被当作优质茶的标记，这主要是咖啡碱与茶多酚结合，产生了络合物，络合物不易溶于冷水，故茶汤冷却后，乳脂状物质会悬浮于茶汤中，形成"冷后浑"现象。

咖啡碱对中枢神经有刺激兴奋作用，也能利尿、助消化。红茶、黑茶中含的咖啡碱都多。

糖类，也是我们今天常说的碳水化合物，是植物光合作用的初级产物。糖类在茶干物质总量中占25%—40%，是茶类含量相对较高的物质。单糖与双糖又称为可溶性糖，易溶于水，是组成茶滋味的物质，品茶时的回甘，就是单糖在发挥作用。

制茶与喝茶过程中，经常会与糖类的果胶相遇，宋代制茶要反复捣茶，茶叶捣碎后细胞壁被破坏，那些黏稠物质就是果胶物质，会粘手，会结块，普洱茶熟茶渥堆中的老茶头就是果胶物质黏在一起形成了疙瘩的结果。

茶中的果胶，包括果胶素（溶于水）、果胶酸和原果胶（不溶于水）。喝茶的时候，要是你觉得茶汤比较黏稠，那就说明果胶质含量高。加工茶的时候，果胶物质含量高，可以使条索紧结、外观油润、汤甜而味厚。

茶叶中的多糖，也称为茶叶多糖复合物。粗老叶中含有多糖类较多，原料等级越低，多糖越多。乌龙茶多过绿茶、红茶，黑茶又多过乌龙茶。茶多糖有保护造血功能、降血糖的功用。

蒻叶包茶

蒻叶，指柔嫩的香蒲叶。宋代喜欢用蒻叶将茶团、茶饼包裹好，主要是防潮防串味，因为茶叶的吸附性太强。欧阳修《尝新茶呈圣俞》里有："建安太守急寄我，香蒻包裹封题斜。"葛胜仲《试建溪新茶次元述韵》里有："舶舟初出建溪春，红笺品题苞蒻叶。"苏轼也有"故人怜我病，蒻笼寄新馥"的诗句。

明清后，蒻叶便被箬叶取代。箬是一种竹子，箬叶可用于保存茶饼，箬条可用于捆绑运输茶叶，不仅可以有效防潮、避光，呵护茶叶不受磕碰，还可以提升茶叶品质。今天普洱茶就是先用绵纸内包，再用笋壳外包，最后用竹筐打包运输，可见几百年来没有什么大的变化。

《农桑衣食撮要》卷上记载："二月摘茶，略蒸，色小变，摊开扇气通，用手揉，以竹箬烧烟火气焙干，以箬叶收，故谚云：'茶是草，箬是宝。'"

蟹眼、鱼眼与烧水的常识

古代没有温度计，候汤全靠听声辨形。

苏轼在《试院煎茶》里说烧水的常识，非常精妙："蟹眼已过鱼眼生，飕飕欲作松风鸣。"蟹眼就是水刚刚烧开时的小水泡，随着水温升高，水泡越来越大，就变成了鱼眼。烧水是有声音的，宛如松涛。

陆羽在《茶经》里描述："其沸如鱼目，微有声，为一沸。边缘如涌泉连珠，为二沸。腾波鼓浪，为三沸。已上，水老，不可食也。"

李南金形容烧水从一沸到三沸的烧水声比较有趣："砌虫唧唧万蝉催，忽有千车稛载来。听得松风并涧水，急呼缥色绿瓷杯。"

罗大经却认为李南金还差点意思，他觉得刚烧开的水并不用急着倒出来："松风桧雨到来初，急引铜瓶离竹炉。待得声闻俱寂后，一瓯春雪胜醍醐。"

现在水烧开后，往往会打开烧水壶的盖子，放掉热气，等沸水安静下来，才冲到茶碗里，这就是来自罗大经的技术贡献。

谚语说"开水不响，响水不开"，听声辨水有科学依据。

烧水的时候，下层的水随着温度上升会往上浮，上层的水温度低会下沉，所以随着加热时间的延长，浮到上面的水的温度会高于沉到下面的水的温度，中间的水温是最低的，这个现象叫作对流。水对流就会翻腾，发出响声。另一方面，随着水温的升高，空气的溶解度开始下降，就会有气泡从底层溢出，随着上升的水流浮到表面，"鱼眼""蟹眼"就是指这些气泡。我们听到的响声，便是这些气泡破裂引发的。水面温度越高，气泡破裂得就越多、越快，在水开前声音也越响。

干预水温通常的办法是搅动，上面沸腾了，下面仍温度低，搅拌一下整体温度就降下来了。成语"扬汤止沸"说的就是这么回事。

现在都是用智能烧水壶，打开烧水壶盖子就可以观察是否沸腾。用透明的烧水壶就更有趣味。听声候汤这类在城市里显得无关紧要的常识，当我们偶尔外出在户外烧水时就变得重要了，不是用燃气灶而是用柴火烧水的时候，防止水烧老是门手艺活儿，不能动不动就来个釜底抽薪。

现在泡茶，比如普洱茶、岩茶，水温都要求达到100℃；有些绿茶、红茶是要求70℃—80℃，甚至更低，而温度一高泡出的茶汤就浑浊不堪，因为高温把芽头上的嫩毫烫下来了。每种茶都有一种适宜的冲泡温度，冲泡之前一定要先看看说明。

苏轼《叶嘉传》

作者介绍

苏轼（1037—1101年），字子瞻，四川眉山人。

苏轼在诗、词、散文、书、画等方面都取得很高成就，深受中国民众喜欢。苏轼的词，与辛弃疾并列，是豪放派代表；苏轼的文，与韩愈、柳宗元、欧阳修、苏洵、苏辙、王安石、曾巩等人并列，合称「唐宋八大家」；苏轼的书法，与黄庭坚、米芾、蔡襄并称「宋四家」；苏轼擅画，是文人画的代表。苏轼性格豁达，是乐天派的代表。作品有《赤壁赋》《水调歌头》《题西林壁》《潇湘竹石图》《枯木怪石图》等。

原文译注

　　叶嘉①，闽人也。其先处上谷。曾祖茂先②，养高③不仕，好游名山，至武夷，悦之，遂家焉。尝曰："吾植功种德，不为时采，然遗香④后世，吾子孙必盛于中土，当饮其惠矣。"茂先葬郝源⑤，子孙遂为郝源民。

---

　　①叶嘉：叶之嘉者，指茶叶。既可对应陆羽《茶经》中提到的"茶者，南方之嘉木也"，又可带出闻名宋代的叶氏家族。苏轼在《叶嘉传》中经常一语双关，充满隐喻。

　　②上谷、茂先：西晋文学家张华，字茂先，是上谷人（今河北固安人），著有《博物志》，里面说"饮真茶，令人少眠"，后人也把茶称为"不夜侯"。

　　③养高：谓闲居不仕，退隐。高，指高尚的志向、节操、名望。

　　④遗香：留下香气。

　　⑤郝源：壑源的谐音。壑源临近北苑，在宋代享有盛名。宋子安《东溪试茶录》："故四方以建茶为目，皆曰北苑。建人以近山所得，故谓之壑源。"

翻译

　　叶嘉，福建人。他的祖先住在上谷。曾祖父叫茂先，隐居不仕，喜好游览名山，到武夷山后，很喜欢此地，便在此安家。叶茂先曾说："我在这建立功业，培养德行，不是为了现在采集，但会给后世留香，我的子孙一定会在中土兴盛，当会蒙受它的恩德。"叶茂先死后葬于郝源，他的子孙便成了郝源人。

至嘉，少植节操。或劝之业武。曰："吾当为天下英武之精①，一枪一旗②，岂吾事哉？"因而游见陆先生③，先生奇之，为著其行录传于时。方汉帝嗜阅经史时，建安人为谒者④侍上，上读其行录而善之，曰："吾独不得与此人同时哉！"曰："臣邑人叶嘉，风味恬淡⑤，清白⑥可爱⑦，颇负其名，有济世之才，虽羽知犹未详也⑧。"上惊，敕⑨建安太守召嘉，给传⑩遣诣⑪京师。

①英武之精：英武之精华。

②一枪一旗：茶叶专有名词，指一芽一叶。

③陆先生：茶圣陆羽。

④谒（yè）者：古官名，掌宾赞受事，即为天子传达。也泛指传达、通报的奴仆。

⑤恬淡：淡泊，不热衷于功名。

⑥清白：指品行端正无污点，廉洁正直。

⑦可爱：敬爱，喜爱。

⑧陆羽《茶经》写到福建茶的时候，说"未详"。

⑨敕（chì）：皇帝的诏令。

⑩给传：谓朝廷给予驿站车马。

⑪遣诣：派使前往。

到了叶嘉，年少时就注重培养气节操守。有人劝叶嘉从事武事。他回答说："我当为天下英武之杰出人物，一枪一旗哪会是我的事业？"叶嘉因而游学拜见陆羽先生，先生觉得他很特别，记下他的言行并在当时传颂。正赶上汉帝喜欢读经史，一个建安人作为谒者侍奉皇上，汉帝读叶嘉的行录，认为很好，说道："唯独我不能与此人同处一个时代啊！"建安谒者说道："臣的同乡叶嘉，风采淡泊，品行端正无污点，令人喜爱，相当有名气，有司理天下的才干，就连陆羽也知道得不详细。"皇上很是惊讶，令建安太守召见叶嘉，提供驿站的车马让叶嘉前往京师。

郡守始令采访嘉所在，命赍书①示之。嘉未就，遣使臣督促②。郡守曰："叶先生方闭门制作，研味③经史，志图挺立④，必不屑进，未可促之。"亲至山中，为之劝驾⑤，始行登车。遇相者⑥揖之，曰："先生容质异常，矫然⑦有龙凤之姿⑧，后当大贵⑨。"

---

①赍书：送信、携带信函。

②督促：监督催促。

③研味：研究玩味，仔细体味。

④志图：志向抱负。挺立：直立，多指持身正直。

⑤劝驾：劝人任职或做某事。

⑥相者：助主人传命或导客的人；亦指以相术供职或为业的人。

⑦矫然：坚劲貌。桓宽《盐铁论·褒贤》："文学高行，矫然若不可卷。"

⑧龙凤之姿：形容贵人或帝王的相貌。这里也暗指贡茶龙团凤饼。

⑨大贵：显达尊贵。

翻译

太守开始派人查访叶嘉住所，命人将（皇帝的）书信展示给他看。叶嘉没有去京师，皇帝派使臣去监督催促。太守说："叶先生正在闭门创作，仔细研究经史，志向高远，一定不屑于出仕，不能催促他。"太守亲自到山中，劝说他进京，叶嘉这才动身登上马车。路上遇到一个看相的人对叶嘉拱手行礼，说："先生容貌和气质超乎寻常，坚劲而有龙凤之姿，今后一定会显达尊贵。"

嘉以皂囊①上封事。天子见之，曰："吾久饫②卿名，但未知其实③耳，我其试哉！"因顾谓侍臣曰："视嘉容貌如铁④，资质刚劲⑤，难以遽⑥用，必槌⑦提顿挫之乃可。"遂以言恐嘉曰："砧斧在前⑧，鼎镬⑨在后，将以烹子，子视之如何？"

———————————

①皂囊：黑绸口袋。汉制，群臣上章奏，如事涉秘密，则以皂囊封之。此处暗指包裹严实的贡茶。《北苑别录》记录了茶在包装情况："拣芽以四十饼为角，小龙凤以二十饼为角，大龙凤以八饼为角，圈以箬叶，束以红缕，包以红楮，缄以蒨绫，惟拣芽俱以黄焉。"

②饫（yù）：本意为饱食，这里引申为听闻。

③实：实际情况。

④如铁：像铁的颜色。蔡襄《茶录》说茶饼有青黄紫黑各种颜色。赵佶说，当天压饼，为青紫色，隔夜压饼，则为黑色。

⑤刚劲：挺拔有力，多用于形容风格与姿态。这里暗指茶饼坚硬。

⑥遽（jù）：本义是送信的快车或快马，这里指匆忙。

⑦槌（chuí）：敲打用的棒，大多一头较大或呈球形。

⑧砧：砧板。

⑨鼎镬（huò）：鼎与镬是古代的炊具，这里指烧水的锅。鼎镬还是古代刑具，以鼎镬煮人是酷刑。

叶嘉用黑绸口袋封好奏章呈进。皇帝召见叶嘉，说："我久闻你的大名，但不知你的真实情况，今天要试你一试。"他回头对侍臣说："看叶嘉外貌似铁的颜色，禀性挺拔有力，很难立即使用，必须用槌子不断敲打捣碎后才可以用。"于是就出言恐吓叶嘉："砧板斧子在你面前，锅鼎在你身后，将要煮了你，你意下如何？"

嘉勃然吐气，曰："臣山薮①狠士②，幸惟陛下采择至此，可以利生，虽粉身碎骨，臣不辞也。"上笑，命以名曹③处之，又加枢要④之务焉。因诫小黄门⑤监之。有顷，报曰："嘉之所为，犹若粗疏然。"上曰："吾知其才，第以独学，未经师⑥耳。"嘉为之屑屑⑦就师，顷刻就事，已精熟⑧矣。

---

①山薮：山林与湖泽，泛指山野草莽。

②狠士：鄙贱之士。

③曹：古代分科办事的官署或部门；管某事的官职。这里暗指茶碾，回应前文说要把茶粉身碎骨。审安老人《茶具图赞》里，金法曹指的便是茶碾。

④枢要：一般指中央政权机关，如尚书省、中书省等。此处暗指茶罗。

⑤小黄门：一般指宦官。《后汉书·百官志三》："小黄门，六百石。宦者，无员。掌侍左右，受尚书事。上在内宫，关通中外，及中宫已下众事。"

⑥师：学习，效法。这里暗指筛，茶碾碾过的茶，还要在茶罗里筛一筛，不然就是粗糙的。筛过后，由粗茶变细茶。

⑦屑屑：勤劳不倦。这里暗指反复筛。

⑧精熟：精通熟悉。这里暗指做成了精细的茶末。

叶嘉突然呼出口气，说："臣乃是一山野村夫，有幸被陛下采择到这里来，能够造福众生，即便是粉身碎骨，臣也不推辞。"皇上听了面露喜色，下令委以官职，又让他掌管机要事务。因而告诫小黄门监督他。过了一段时间，小黄门报告说："叶嘉做事，还是不精细啊。"皇上说："我知道他的才干，只因他以前自学而没有拜师学习罢了。"叶嘉为此勤劳不倦地拜师学习，很快前往任职，已经能精通熟练地做事。

上乃敕御史欧阳高①、金紫光禄大夫郑当时②、甘泉侯陈平③三人与之同事。欧阳疾④嘉初进有宠，曰："吾属且为之下矣。"计欲倾⑤之。会天子御延英⑥，促召四人，欧但热中而已，当时以足击嘉，而平亦以口侵陵之。嘉虽见侮，为之起立，颜色不变。欧阳悔曰："陛下以叶嘉见托⑦，吾辈亦不可忽之也。"因同见帝，阳称嘉美而阴以轻浮訾⑧之。嘉亦诉于上。上为责欧阳，怜嘉，视其颜色，久之，曰："叶嘉真清白之士也。其气飘然若浮云矣。"遂引而宴之。

---

① 欧阳高：西汉时期经学家，传授欧阳《尚书》，汉宣帝时被立为博士，官至太子少傅。欧谐音瓯，这里指茶瓯。茶瓯要时时清洗，功用对应御史监察职责。

② 郑当时：西汉时大臣，任侠善交，廉洁奉公。时谐音匙，这里指茶匙。茶匙用材很多，金银铜竹都有。

③ 陈平：西汉开国功臣之一，"常出奇计，救纷纠之难，振国家之患"。平谐音瓶，这里指汤瓶。茶水多用山泉，对应甘泉侯。

④ 疾：疾病。由生病引申为痛苦，又引申为憎恶、痛恨、妒忌。

⑤ 倾：倾轧，在同一组织中互相排挤。

⑥ 延英殿：唐长安大明宫宫殿，建于开元中，位于紫宸殿西。乾符中，易名为灵芝殿，寻复旧名。殿院外设有中书省、殿中内省等中枢机构。自代宗起，皇帝欲有咨度，或宰臣欲有奏对，即于此殿召对。因旁无侍卫、礼仪从简，人得尽言。后延英殿成为皇帝日常接见宰臣百官、听政议事之处。

⑦ 托：托付。这里暗指托盏，即《茶具图赞》里的漆雕秘阁。此处对应着皇帝对三人的托付。

⑧ 訾（zǐ）：诋毁。

翻译

  皇上于是下令御史欧阳高、金紫光禄大夫郑当时、甘泉侯陈平三人，与叶嘉一起共事。欧阳高妒忌叶嘉刚出仕就得宠，他说："我们这些人将要在他的下面了。"就谋划着怎么排挤叶嘉。恰巧皇上驾临延英殿，急召四人。欧阳高只是内热而已，郑当时用脚踢叶嘉，陈平也用嘴侵犯欺凌叶嘉。叶嘉虽然被侮辱，但还是站起来，面色不变。欧阳高后悔地说："陛下把叶嘉托付给我们，我们也不能这样轻慢他！"于是他们一同（到延英殿）去见皇上，表面上称赞叶嘉，而暗地里却诋毁叶嘉举止轻浮。叶嘉也向皇帝诉说。皇上为此责备欧阳高，怜惜叶嘉，看着叶嘉的面色，很久后说："叶嘉的确是位清白之士。气质飘然似白云啊。"于是邀请叶嘉一起参加宴会。

少选间^①，上鼓舌欣然，曰："始吾见嘉未甚好也，久味其言，令人爱之，朕之精魄，不觉洒然而醒^②。《书》曰：'启乃心，沃朕心。'嘉之谓也。"于是封嘉钜合侯^③，位尚书，曰："尚书，朕喉舌^④之任也。"由是宠爱日加。朝廷宾客遇会宴享^⑤，未始^⑥不推于嘉，上日引对^⑦，至于再三^⑧。

---

①少选间：过了一会儿。

②洒然：形容神气清爽。醒：本义是指醉酒后神志由昏迷到清爽。

③钜合：封国名。汉武帝元狩元年（前122）封刘发为钜合侯，封地在今山东东南部。钜是大，合谐音盒，钜合暗指大盒子，大盒子里的茶，比较珍贵。

④尚书：古代官名。《后汉书·李固传》："今陛下之有尚书，犹天之有北斗也。斗为天喉舌，尚书亦陛下喉舌。"尚书为皇帝的喉舌，这里暗喻茶滋润喉舌。

⑤宴享：宴飨，古代天子招待群臣宾客的宴会。

⑥未始：未尝。常常用在否定词前面，构成肯定。

⑦引对：皇帝召见臣僚询问对答。

⑧至于再三：指一而再，再而三。

过一会儿，皇上非常愉快地咂了咂舌头，说："我刚看到叶嘉时并不觉得多好，但仔细回味他的话，实在让人喜爱，我的精神气魄不禁神气清爽清醒过来。《尚书》说：'开启你的心扉，滋润我的心田。'这说的就是叶嘉啊。"因此封叶嘉为钜合侯，官位为尚书，说："尚书一职，是我的喉舌一样的职务。"从此皇上对叶嘉日益宠爱。朝廷招待宾客群臣的宴饮，没有不推举叶嘉的。皇帝每日召见他询问对答，甚至一而再再而三。

后因侍宴苑中，上饮逾度，嘉辄苦谏。上不悦，曰："卿司朕喉舌，而以苦辞①逆我，余岂堪哉！"遂唾之，命左右仆于地。嘉正色曰："陛下必欲甘辞利口然后爱耶！臣虽言苦，久则有效。陛下亦尝试之，岂不知乎！"上顾左右曰："始吾言嘉刚劲难用，今果见矣。"因含容②之，然亦以是疏嘉。

🔲 翻译 🔲

后来因为在花园侍宴时，皇帝饮茶过量，叶嘉就苦苦劝谏。皇帝不高兴了，说："你是专管我喉舌的，却用难听的话忤逆我，我怎么受得了呢！"就唾弃他，命左右的侍从把叶嘉按在地上。叶嘉非常严肃地说："陛下一定要听甜言蜜语才喜欢吗？臣的话虽然难听，时间一长就有效果。陛下也尝试下，不就知道了？"皇上回头看着左右的人说："起初我说叶嘉秉性刚直难以使用，现在看来果真是这样呀。"于是皇上宽容了叶嘉，然而也因此疏远了叶嘉。

---

①苦辞：忠言，逆耳之言。
②含容：宽容。

嘉既不得志，退去闽中，既而曰："吾未如之何也已矣。"上以不见嘉月余，劳于万机，神荼①思困，颇思嘉。因命召至，喜甚，以手抚嘉曰："吾渴见卿久矣。"遂恩遇如故。

🔲 翻译 🔲

叶嘉既然不得志，就返回到闽中，不久后叶嘉对人说："我对此实在没有办法。"皇帝一个多月没有见到叶嘉，又操劳国事过度，神情恍惚、昏昏欲睡，很想念叶嘉。于是下令把叶嘉召来，见到他非常高兴，用手抚摸着叶嘉说："我渴望见你已经很久了。"于是像以前一样恩宠叶嘉。

---

① 荼（ěr）：疲困。

上方欲南诛两越^①，东击朝鲜，北逐匈奴，西伐大宛，以兵革为事。而大司农^②奏计国用不足，上深患之，以问嘉。嘉为进三策，其一曰：榷天下之利，山海之资，一切籍于县官。行之一年，财用丰赡，上大悦。兵兴有功而还。上利其财，故榷法不罢，管山海之利，自嘉始也。

　　🔲 翻译 🔲

　　皇帝正想向南讨伐南越、东越，向东攻打朝鲜，向北驱逐匈奴，往西讨伐大宛，以战争成就功业。而大司农上奏说经费不足，皇上为此非常焦虑，于是就问叶嘉该如何解决。叶嘉为皇上献上三条计策，其中一条说：将天下所有山川和海上资源由县一级官府来实行地方专卖。这个政策推行一年之后，国家财富充足，皇上很高兴。调动军队打仗胜利回来。皇上从中得到很多收益，所以"专卖法"没有停止，官府专营山海物产，是从叶嘉开始的。

---

　　①两越：汉初两个南方小国南越和东越的合称。

　　②大司农：大司农，是朝廷管理国家财政的官职，为九卿之一。

居一年，嘉告老。上曰："钜合侯，其忠可谓尽矣。"遂得爵其子。又令郡守择其宗支之良者，每岁贡焉。嘉子二人，长曰抟①，有父风，故以袭爵。次子挺②，抱黄白之术③，比于抟，其志尤淡泊也。尝散其资，拯乡闾之困，人皆德之。故乡人以春伐鼓大会山中，求之以为常。

⊟ 翻译 ⊟

叶嘉在京城里居住了一年，请求告老回乡。皇帝说："钜合侯，他的忠诚可以说是竭尽了。"就封赐爵位给叶嘉之子。又下令郡守选择叶嘉家族中品质优良的子弟，年年推荐给朝廷。叶嘉的儿子有二位，长子叫抟，有父亲的风范，因此承袭了爵位。次子叫挺，信奉炼丹之术，比起抟来，他的志向更为淡泊。他曾分发他的钱财，救济家乡贫苦之人，人们都感恩他。所以乡民在春天击鼓聚会于大山中，祈求他常常如此。

---

①抟：捏聚成团。谐音团，这里暗指团茶。
②挺：笔直、平直。这里暗指京铤茶。
③黄白之术：古代指方士烧炼丹药点化金银的法术。

赞^①曰：今叶氏散居天下，皆不喜城邑，惟乐山居。氏于闽中者，盖嘉之苗裔^②也。天下叶氏虽夥，然风味德馨为世所贵，皆不及闽。闽之居者又多，而郝源之族为甲。嘉以布衣遇天子，爵彻侯^③，位八座，可谓荣矣。然其正色苦谏，竭力许国，不为身计，盖有以取之。夫先王用于国有节，取于民有制，至于山林川泽之利，一切与民，嘉为策以榷之，虽救一时之急，非先王之举也。君子讥之。或云管山海之利，始于盐铁丞孔仅^④、桑弘羊^⑤之谋也，嘉之策未行于时，至唐赵赞，始举而用之。

---

　　①赞：古代的一种文体。

　　②苗裔：后代，世代较远的子孙。

　　③彻侯：是古代的一种官名，爵位名。秦、汉二十等爵中的最高级，由商鞅变法时设立，岁俸一千石粮食。汉武帝时，因避讳（武帝名彻）改名通侯，亦称列侯。

　　④孔仅：西汉名臣，大农令，领盐铁事，主管盐铁专卖。孔仅因为精通盐铁生产技术，又对朝廷有所捐赠，因而被汉武帝委以重任。

　　⑤桑弘羊：西汉名臣，先后推行算缗、告缗、盐铁官营、均输、平准、币制改革、酒榷等经济政策，大幅度增加了政府的财政收入，为武帝继续推行文治武功事业奠定了雄厚的物质基础。

🔲 翻译 🔲

赞曰：现在叶氏分散在天下各地，他们都不喜欢住在城里，只喜欢住在山中。住在福建中部的，大概是叶嘉的后代。天下姓叶的虽然很多，可是风味美好被世人看重的，都比不上福建这一支。在福建的叶姓也很多，而以郝源叶氏位居第一。叶嘉以平民百姓的出身受到皇帝礼遇，被封为彻侯的爵位，位居八大职位的行列，可说是相当荣耀了。叶嘉态度严肃地苦苦劝谏皇上，竭尽全力报效国家，不为自己打算，那是很值得学习的。古代的帝王治理国家有节制，取之于民不过度，至于山林湖泽的利益，都让利给人民，叶嘉献上计策进行专卖，虽然解救了当时的危急，却不是古代帝王会采取的举措。君子讥讽叶嘉。有人说管山海之利的专卖政策，始于西汉盐铁丞孔仅、桑弘羊的谋略，叶嘉的专卖政策在当时并没有推行开来，直到唐代赵赞，才开始推举实施。

茶里的身意与心意

《叶嘉传》用《史记》的体例，以拟人化的手法，为茶的一生立传。表面上说的是叶嘉因为品质受到帝王器重，委以重任，实际上讲的是宋代茶叶的制作以及品饮的过程。小小的一片茶叶，从边远的深山来到皇宫大院，不仅带来茶叶生产加工工艺，还带来了品饮艺术，茶的专卖也让国家变得富有。

借物喻志，是中国传统的艺术手段。嘉者，美也。陆羽称茶是南方嘉木，自然界中最精妙的物品。苏轼以拟人化的手法来叙述茶的德行与历史，通过茶去发现人性与神性。

茶既是物质的，又是精神的，中国传统里的天人合一思想，因为茶的出现与品饮，而最终找到合理的归宿；同时，儒释道三家共通之处恰到好处地通过茶呈现出来。

本书之所以要选取茶这样一个物质层面的角度，进而讨论精神层面，是为了让茶道中常说的一些字句，比如"清"字如何落到实处，而不至于看起来像空话。

《叶嘉传》开篇追溯叶嘉的祖上茂先，"养高不仕，好游名山"。在中国的文化传统里，隐逸现象有其独特性和重要性，不世出的隐者常常得到人们的推崇和景仰。

尧要把帝位传给许由，许由是个不问政治的大隐，他拒绝了，并连夜逃走。后来尧以为自己诚意不够，再次派人来请他出山，哪知这次许由觉得这些话玷污了自己的耳朵，他便跑到颍水边洗耳朵。这时，巢父正在河边牵牛喂水，许由把这个事情告诉了巢父。巢父说，你这么一洗耳朵，连这条河都被污染了。许由一听之下很是羞愧，觉得自己的境界远不如巢父。

伯夷、叔齐不也觉得自己不如一个村妇吗？周武王灭商后，伯夷、叔齐为了表示不事二主的气节，不吃西周的粮食，隐居在首阳山，以山上的野菜为食。周武王派人请他们下山，他们仍拒绝出山仕周。后来，一位山中村妇对他们说："你们不食周朝的粮食，可是你们采食的这些野菜也是周朝的呀！"他们听后觉得羞愧难当，最后饿死。

汉语中有一种姿态，我称之为"伟大的谦卑"，"洗耳恭听"便是身心的一种致敬。后来儒、道的发展几乎都是围绕"身心"展开，所谓"身在庙堂，心在江湖"，或者"身在江湖，心在庙堂"，再或者"人在江湖（庙堂），身不由己"等等，都是力求达到二者的平衡。在宋代，还保持着这样的谦卑传统，比如苏轼对南屏谦师泡茶的认同、书写叶嘉的低调，除了自谦，还抱着学习的态度。可到了明代，这样的传统就消失了。明人张岱著名的茶系列作品，通过表扬别人，最终回到表扬自己的立场上。

真正的隐者会留下名字吗？还大名鼎鼎？

这是一个值得深思的问题。从中国历史上一些鼎鼎大名的隐者来看，他们的归隐不过是理想与现实相互博弈的结果，非真隐，是形势所迫，不得不隐。倘若身在江湖，心不在江湖，便产生了"终南捷径"这样一种故意以隐来获得名声，最后身居庙堂之高的途径。这是一种沽名钓誉的心态，与"讪君卖直"一个道理。

游走于儒释道之间的苏轼，在《叶嘉传》一开始便上承"不仕"的古义，下接唐以来的"终南捷径"，再回到古义，产生了一个有趣的循环互动：隐——仕——隐——仕……人的精神与茶的精神，就在其中。

苏轼笔下的叶嘉"少植节操"，"容貌如铁，资质刚劲"，"研味经史，志图挺立"，"风味恬淡，清白可爱"，"有济世之才"，"竭力许国，不为身计"，可谓德才兼备。有人劝其习武，他说"一枪一旗，岂吾事哉"。"一枪一旗"看起来孔武有力，其实不过是用来形容茶叶的"一芽一叶"罢了。宋代出现这样的茶叶修辞，说明当时斗茶的氛围浓烈。

宋代重文轻武，即便是平级官员，武官依旧在文官面前矮半截，举三个著名的例子可以说明：名将狄青行伍出身，最后尽管做到枢密副使，还是经常遭到别人的冷言冷语，他常对人发牢骚说："韩琦与我一样的功业、官职，我还得时时在他面前低头，就是少了一个进士及第的出身。"

陈尧叟是宋代少有的文武兼备之人，又是出名的美男子，有次契丹使臣来访，宋真宗考虑到事关国家形象，要求陈尧叟出面陪使臣射箭，并许诺封他节度使的头衔。陈尧叟回家请示母亲，被他母亲骂得狗血淋头，要他以文为重，对武官鄙视得一塌糊涂。他便拒绝陪使臣射箭，宋真宗也无可奈何。

大儒张载青年时期喜好兵法，立志从军，希望能够抗敌报国，建功立业。二十一岁时，他写成《边议九条》，向时任陕西经略安抚副使的范仲淹上书。范仲淹看完，觉得文章写得不错，便召见了他，"一见知其远器"，于是建议他放弃从军的想法，改做学问。

"吾植功种德，不为时采，然遗香后世，吾子孙必盛于中土，当饮其惠矣。"宋代茶叶中心已经从江浙转至福建，但上好的茶几乎被皇家垄断，普通百姓只能喝一些廉价茶。好茶惠泽世人，是一种诉求。

经过祖辈的努力，叶家已经完成原始的政治积累，数代隐而不出，到叶嘉这代已经声名爆棚，就连茶圣陆羽都对叶嘉表示惊叹，何况他人乎？更何况陆羽只懂茶，不懂他的经世之才。口碑传播的效果是惊人的，很快叶嘉之才便惊动了汉帝。面对汉帝委托郡守送来的第一封邀请书，叶嘉采取

"天子呼来不上朝"的策略，没有进京。

接着有第二次邀请，郡守是熟读史书之人，自然明白其中的道理，"叶先生方闭门制作，研味经史，志图挺立，必不屑进，未可促之"。尧也不过请了许由两次，这次郡守亲自登门造访，微言大义一番，叶嘉很快登上马车进京。

先是相人的恭维："先生容质异常，矫然有龙凤之姿，后当大贵。"龙凤之姿，暗指名闻天下的龙凤团茶也。处处说茶，又句句紧扣政治。汉帝"视嘉容貌如铁，资质刚劲，难以遽用，必槌提顿挫之乃可"，"斫斧在前，鼎镬在后"，团茶要入口，非猛搥强敲不可，搥碾之后再煮，茶事中也弥漫着干将莫邪的三头共镬的愤怒与恐吓。

茶，如果人不去喝，依旧是隐在山里的一"茶"而已，甚至是姜、糖、葱之类的附庸，与其他草木相比，又有何稀奇之处？叶嘉的回答正是这个意思："臣山薮猥士，幸惟陛下采择至此，可以利生，虽粉身碎骨，臣不辞也。"既然是好人（好茶），那就留下来考察考察。

人是留下来了，但叶嘉毕竟来自深山，小黄门汇报说："嘉之所为，犹若粗疏然。"这是说茶还是很粗糙，碾过之后，还得筛一下。"'吾知其才，第以独学未经师耳。'嘉为之，屑屑就师，顷刻就事，已精熟矣。"师，筛也。料是好料，宛如璞玉，得好好加工打磨，再筛筛拣拣，好茶就出来了。

这里涉及一个问题，就是黄仁宇说的，政治官僚与技术官僚的模糊状态："难道一个人熟读经史，文笔华美，就具备了在御前为皇帝做顾问的条件？难道学术上造诣深厚，就能成为大政治家？"

这样的疑问，几乎可以作为一条通用法则，放到历史上的任何一个时期去考察人事。张居正用人的原则是，少用那种说得多、做得少的清流，而多用守法循理干实事的循吏。前些年热门的电视剧《大明王朝1566》中，很显然把海瑞作为清流的代表。

叶嘉要成为一个合格的官僚，还需要磨炼。

汉帝为他安排了几位共事之人：欧阳高、郑当时、陈平。这三人都是历史上有名有姓的人物。

欧阳高是汉代学者，字子阳，是欧阳生的曾孙，传授《尚书》，被立为博士，成为太学的学官。传授《尚书》而诞生"欧阳平陈之学"，对后世影响很大。

郑当时是历史上著名的清官，在汉代以廉洁闻名于世。著名的成语"门可罗雀"就与郑当时有关，司马迁说汲黯和郑当时的事迹时，说他们位列九卿，品行高尚，为官清廉，有权势时宾客络绎不绝，失势时来访者就稀少。

陈平是刘邦的重要谋士，汉朝的开国功臣之一，被封为曲逆侯，后官至丞相。他小时候喜欢读书，有大志向，因为分肉分得均匀，乡人看出了其能当宰相的气场。

苏轼用这三人作为叶嘉的陪衬，是一个精心设计的语言迷宫。欧是瓯的谐音，时是匙的谐音，平是瓶的谐音。甘泉侯，甘泉是上好的泉水，侯者，今天的话来说就是土霸王，甘泉侯即为当地泉水之最。这就很好理解了，有了嘉叶（茶），配以茶瓯、茶匙、茶瓶、最好的山泉水，就能饮茶了。御史，是清查污垢之职，茶瓯用之前需要清洗；"金紫光禄大夫"，形容茶匙的不同颜色，茶匙在击拂环节有重要作用。蔡襄《茶录》里说："茶匙要重，击拂有力。黄金为上，人间以银、铁为之。"高也有高脚盏之意。郑，重也。如果再结合欧阳高、郑当时、陈平三人在历史中的作用与贡献，理解起来就更加妙，有很好的意识形态，吏治清明的官僚体系，再加上可以出将入相的人才，国家如何不兴旺发达？

　　四人共事，茶、瓯、匙、水本是一个系统，倘若缺了一样，这茶便喝不成了。当然，评判员是皇帝，要他说了才算，以前三缺一，现在好茶送来了，但好茶出不出得来好汤，得泡了再说。于是，"欧但热中而已，当时以足击嘉，而平亦以口侵陵之"，点茶开始了，主泡手把茶盏热一热，左手用茶匙用力击拂，右手同时注入沸水（注汤），然后一看汤花，其面色鲜明、白乳涌现，是一盏绝好之茶。

　　茶盏送到皇帝面前，已经过了一段时间，皇帝看到茶盏中的乳花依旧没有散去，非常咬盏，无水痕，故谓"其气飘然若浮云矣"。

　　宋代斗茶，颜色以纯白为上，青白为次，灰白再次之，黄白居末。"叶嘉真清白之士也"，叶嘉经受住了考验，意思是说茶是上品。

点茶结束，茶宴开始，皇帝杯茶润喉舌，茶虽苦涩，但功效甚好，回味无穷之余，还能使人神清气爽，有助人提升精神。叶嘉是上品，自然位居喉舌之职。

尚书为皇帝喉舌之说，源自后汉末期著名清流领袖李固的一番言辞："今陛下之有尚书，犹天之有北斗也。斗为天喉舌，尚书亦为陛下喉舌。斗斟酌元气，运平四时。尚书出纳王命，赋政四海，权尊执重，责之所归。"大意是现在皇帝有尚书，就像天上有北斗。北斗是天的喉舌，尚书是皇帝的喉舌。北斗斟酌元气，运行调节四时。尚书传达皇帝命令，颁布政令到全国各地，位高权重，这些事都是尚书的责任。

东汉尚书地位高，完全是外戚与宦官之间的权力争斗造就的。东汉政务归尚书，尚书令成为对君主负责总揽一切政令的首脑，是谓喉舌。

有好茶滋润的皇帝，开始无节制地滥饮，沉浸在茶里。任何好东西都有一个度的问题，贪多成溺，反而不妙，物极必反的道理谁都懂，却不见得谁都能适可而止。按照今日医学观点来说，过度饮茶确实会导致多种疾病。这些人一定忘记了茶圣陆羽在《茶经》里的告诫："茶性俭。"

叶嘉苦谏无果，之后被皇帝疏远。而皇帝久不饮茶，又想念它。要不怎么说喝茶会成瘾呢？既然皇帝又开始喝茶了，叶嘉自然继续发挥他的作用。这一次，皇帝将起兵南诛两越，东击朝鲜，北逐匈奴，西伐大宛，无奈国库空虚，怎么办呢？皇帝问计于叶嘉，叶嘉建议的策略之一是茶税政策。

税茶产生于唐代中叶，安史之乱后，李唐国库空虚，建中三年（782），唐德宗采纳侍郎赵赞的建议，对竹、木、茶、漆等实行"十税其一"。后一度暂停，十年后再次恢复。从此，茶税作为一种专税，再未间断过。西方人威廉·乌克斯说陆羽《茶经》是一部伟大的商业计划书，就是看到了茶对于国家税收的重要价值。

宋代改唐朝的茶税制为榷茶制，也就是由朝廷对茶叶实行专卖。宋太祖乾德二年（964），朝廷在各主要茶叶集散地设立管理机构——榷货务，主管茶叶贸易与税收，并建官立茶场——榷山场，在主要茶区同时负责茶叶生产、收购和茶税征收。当时全国共有榷货务六处，榷山场十三个，即"六务十三场"。

盐铁收税比茶税要早，始于汉武帝时的管理盐铁事务的孔仅、桑弘羊的提议。

这些税收政策关系到国计民生，是谓管山海之利，茶税和盐税也被称为"摘山煮海"。得益于茶税大利天下，叶嘉功成身退，告老还乡。

叶嘉的大儿子，叫抟，抟即把东西捏聚成团，取团茶之意，他继承父亲衣钵，终于修炼成龙凤团茶。

叶嘉的小儿子叫挺，挺是正直的意思。挺是铤的谐音，暗指京铤茶。京铤茶是南唐的作品，入宋后名气大不如前，但仍是仅次于龙团的好茶，皇帝把这些京铤茶用来笼络舍人、近臣。

黄白之术，指的是道家的炼丹术。黄白就是黄金和白银。道家有烧炼丹药点化金银的法术，可以借金石的精气，使人长生不老、得道成仙。就茶而言，从陆羽、卢仝始，茶近道家，他们都宣称喝茶可以羽化成仙，茶是养生与长生之道。卢仝说七碗茶便可以入道，苏轼也通过饮茶来养生。

叶嘉完成了"隐—仕—隐"循环，他的两个儿子表面上在这个循环中各执一端，但叶挺的作为令人仿佛看到了儒家那副济世为怀的心肠，身在江湖，心在黎民。隐者叶挺以德服人。明代高濂阐释过仕与隐各自不同的社会价值："居庙堂者，当足于功名；处山林者，当足于道德。若赤松之游，五湖之泛，是以功名自足；彭泽琴书，孤山梅鹤，是以道德自足者也。"

《叶嘉传》结尾赞词说："今叶氏散居天下，皆不喜城邑，唯乐山居。"在宋代茶史上，可以找到许多叶氏的大茶叶家族。叶嘉一家因茶踏上仕途，是为形势使然。宋代皇帝好茶，自上而下地带动了喝茶之风，蔡襄、黄儒以及赵佶对此都做过总结。

苏轼把叶嘉落实在"正色苦谏，竭力许国，不为身计，盖有以取之"，大约是感怀身世，心有戚戚焉吧。

苏轼茶事小辑

东坡种茶。苏轼被贬到黄州的时候，在朋友的帮助下，他从官方申请到一块荒地后，效仿唐代诗人白居易"持钱买花树，城东坡上栽"，种了不少树木，其中也包括茶树。他先是写信向朋友要茶种，又从其他地方移栽过来一棵百年古茶树。苏轼在这里盖了几间茅屋，名为雪堂，又把这块地方命名为"东坡"，在这里躬耕度日。

以茶养生。苏轼是一个养生达人，他以茶养生的办法是饭后用粗叶浓茶漱口，使油腻不入肠胃，牙齿也因此更加坚实。苏轼还建议喝茶要有间歇，不能遇到好茶就天天喝，时时喝。苏轼去世前，很馋茶，但因身体情况又不能喝，只能用参苓汤代替茶汤。苏轼平日里喝茶，一般是早起喝一碗，睡前喝一碗。

墨黑茶白。司马光和苏轼有一次谈论茶与墨，司马光说："茶和墨正好相反，茶要白，墨要黑；茶要重，墨要轻；茶要新，墨却要陈。"苏轼答道："其实茶和墨也有许多相同点，譬如茶和墨都香，这是因为它们的德行相同；两者都坚硬，因为它们的操守相同。这就像贤人君子，虽然彼此的脾气性格不一样，德行却是一致的。"

在《书茶墨相反》里，苏轼写了茶与墨的差别：茶想要白的，而墨则越黑越好。墨磨了以后一定要马上用，隔了一夜颜色就会变暗，同样，茶碾过一天以后香气就会减少，在这方面两者比较相似。而茶以新为贵，墨以古为佳，这一点上又是相反的。茶可于口，墨可于目，用途上虽不同，但都指向美好生活。苏轼举例说，蔡襄晚年老病不能饮，还是喜欢烹茶赏玩，可能是闻闻茶香也好吧。吕行甫呢，喜欢藏墨但书法写得很不行，他就时不时地磨墨，喝一小口墨水。

梦中茶诗。在黄州时的某一晚，苏轼梦见诗僧参寥拿了一卷诗轴来看他，醒后记得饮茶诗两句："寒食清明都过了，石泉槐火一时新。"苏轼觉得此语甚美，但有不通之处。

七年后，苏轼即将离开杭州，他和朋友前去向参寥告别。参寥汲泉钻火，烹黄蘗（bò）茶款待大家，所用之水是院内新发现的一注泉水。苏轼很是感慨地说起七年前自己在黄州做的那个与参廖有关的茶诗梦，没想到应验于今日。

苏轼说：槐火换新，是宋代风俗，每年清明节按例要把家中"火种"调换新火，可以理解，但泉为何是新的？参寥回答说：此地有清明淘井的风俗，现在清明刚过，泉新当在情理之中。

心中四爱。苏轼一生中大吃大喝的场合很多，但印象最深的一次是孙觉（gāo）在邸宅中招待苏轼：饮官法酒、烹团茶、烧衙香、用诸葛笔。官法酒就是官府宴会用酒，团茶是宫中贡茶，衙香是官方用的高等级合香，诸葛笔则是安徽宣城诸葛丰所制的毛笔，是苏轼一生所爱。

苏轼说："诸葛氏笔，譬如内库法酒、北苑茶，他处纵有嘉者，殆难得其仿佛。"诸葛笔是梅尧臣推广开的，他是宣城人，最早把诸葛笔送给欧阳修，得到欧阳修的青睐："硬软适人手，百管不差一。"在欧阳修的带动下，苏轼、黄庭坚等人相继成为诸葛笔的终身爱好者。

西湖西子。在苏轼之前，西湖叫金牛湖，叫明圣湖，叫石函湖，叫放生湖，苏轼一句"欲把西湖比西子"就把西湖的称谓定格下来，从此沿袭至今。西湖周边遍地好茶，环湖寺院的僧人皆精于茶道，在和尚的好茶招待下，苏轼佳句频出："何须魏帝一丸药，且尽卢仝七碗茶""食罢茶瓯未要深，清风一榻抵千金。"

佳茗佳人。苏轼一生写茶不少，其中"从来佳茗似佳人"

一句众所周知。香茶与美人常伴身侧，是苏轼令人羡慕的地方。有一次，他做了一个美梦，有位美女用雪水烹龙团茶给他喝，还唱歌助兴。他醒来后，发现自己的衣服上还留有美人的唾沫，更加沉醉，就写了一首回文诗。苏轼曾对能歌善舞的胜之说，这个世界上，只有她配得上建溪茶、双井茶和谷帘泉这样清高的饮品，苏轼不仅为她送茶送水，还作词《减字木兰花》。苏轼还写有《月兔茶》，送给属兔的朝云。

茶之罪责。乌台诗案爆发，苏轼好友、驸马王诜受到牵连，所列罪状中，赫然有王诜送苏轼好茶的条目。苏轼茶诗《和钱安道寄惠建茶》引来的祸更大，被认为针砭时弊，包藏祸心，其中"草茶无赖空有名，高者妖邪次顽懭"更是被解读为指责朝中要员。

秘密赐茶。苏轼在杭州时，有一次京师来人，来人私下对苏轼说："我离开京师时，去向皇上辞行，皇上说：你向太后告辞后再来我这里一下。我从太后殿出来后，又到皇上这儿，皇上带我到一个柜子旁，拿出一份茶，密谕说：将这个赐予苏轼，不要让别人知道了。"苏轼得到哲宗赐茶一斤，想到眷遇如此，不禁老泪纵横。

密云龙茶。太皇太后曾赐给苏轼一饼密云龙小团，苏轼珍重异常，偶尔自己悄悄躲起来喝一小口，得意之下，忍不住写了一阕《行香子》，说"看分香饼，黄金缕，密云龙"。"苏门四学士"每次到苏家，苏轼都会取出密云龙招待他们。有一次，苏轼在家里会客，忽然命取密云龙，侍从心想，今天"四学士"没来呀，又是什么重要的客人来了呢？他好奇地在屏风后面看了一下，来人是廖明略。得到苏轼的礼遇后，廖明略名声鹊起。

新旧茶理。惠明院的梵英和尚，非常会煮茶，饮后齿颊生香，与一般的茶味不同。苏轼喝过后，非常疑惑："这是新茶吗？"梵英和尚却道，烹茶必须新茶旧茶配合着用，香味才浓郁。苏轼想到一位古琴行家的话：琴之制作不满百年的话，桐木的生意尚未完全消失，所以琴音的缓急清浊，还会与气候的晴雨寒暑相感应。同样的道理：新茶生机勃勃，个性张扬，易与气候相感应，性情不定；经年之后，趋于沉稳，温润内敛，醇和随顺。将新茶与老茶搭配着烹茶，就能发挥出二者的长处。

求惠山泉。苏轼写诗给无锡县令焦千之，求一斛惠山泉。惠山泉被茶圣陆羽评为天下第二泉，自此一直雷打不动占据名泉榜上第二位，成为天下名泉。苏轼在诗中说，世人都知晓这惠山泉好，不惜千里转运，但市面上的泉水谁知道真假？我现在有老朋友送的好茶，但好茶不喜欢普通的水，希望你寄一点好水来。

泡茶三昧手

苏轼的《送南屏谦师》讲了一种泡茶的境界。

元祐四年（1089）苏轼出任杭州太守，这是他第二次出任杭州。有一天他在西湖北山葛岭寿星寺会友，当时住在西湖南山净慈寺的南屏谦师闻讯赶去拜会，现场露了一手点茶的绝活，令苏轼叹为观止。

《送南屏谦师》是有感而发的诗作：

> 道人晓出南屏山，来试点茶三昧手。
> 忽惊午盏兔毛斑，打作春瓮鹅儿酒。
> 天台乳花世不见，玉川风腋今安有。
> 先生有意续《茶经》，会使老谦名不朽。

这是规格很高的一次茶会了，兔毫黑盏，上佳的茶，在座的诸位又都是"嘉客"。"三昧"一词出自梵文，本是佛教的修行方法之一，意为排除一切杂念，使心神平静，成语"此中三昧"说的就是艺术的奥妙自在其中。这里的"三昧手"

指的是调膏、注水、击拂都是高手。而"三昧手"经过苏轼一说，从此成为点茶高手的代名词。

宋代饮茶风格与唐朝不同。唐朝是直接将茶放入釜中熟煮，再进行分茶；在宋代是先将饼茶碾碎，筛箩过一遍之后将极细的茶末倒入茶盏中，先用少量沸水将茶末调和成黏稠的油膏之状（调膏），之后再将沸水冲入茶膏（注水），用茶筅搅动，使茶末上浮泛起汤花，这个过程称为"击拂"；最后以茶汤的汤花来看点茶的效果。

点茶过程是一系列连贯的动作，要求点茶人有很强的控制力，心到、眼到、手到，整体形象要严谨端庄，动作又要求潇洒自如。看茶人也要聚精会神，细观茶汤之变幻聚散。也就是说"点茶人"好比两军对垒中的统帅角色，要求大局与局部并重，既要点好茶，又要照顾到观看者的视觉，对局面、节奏都要有很高超的掌控能力。

按照苏轼的茶语境，能博得"三昧手"的称号，实属不易，因为苏轼本身也是一位点茶高手。在诗的"序"中，苏轼说："南屏谦师妙于茶事，自云：得之于心，应之于手，非可以言传学到者。"我们不妨揣度，当时是热热闹闹的斗茶现场，也许苏轼亲自露了一手，不过输给了南屏谦师。

照例，《送南屏谦师》依旧向卢仝、陆羽致敬，最后一句"会使老谦名不朽"，喝茶得美名，与李白书写仙人掌茶似乎殊途同归。

南屏谦师遇到苏轼是幸运的，很多年前，仙人掌茶遇到李白而名垂千古，现在该轮到南屏谦师名垂千古了。这是一个有趣的互动，当年的僧人邀请李白作诗，现在的南屏谦师主动前来泡茶，目的都只有一个，他们面对的都是大文豪，物也好，人也好，只要能留下大名，都是值得的。

因为有南屏谦师这样的高僧坐镇，又有苏轼这样的才子鼓吹，后来的净慈寺成为高僧茶艺水平的一个制高点。到了南宋的时候，日本高僧大应国师南浦绍明入宋求法，专门跑到杭州净慈寺参谒当时的住持虚堂智愚禅师，以便学习茶艺之道。

南浦绍明于宋咸淳三年（1267）回国后，广泛传播饮茶之道和茶艺，打败了日本大德寺的大灯法师，为日本茶道的传播开了很好的头。而"三昧手"，无论在中国还是日本，都可以用来指代茶艺高超。

在这里，回顾下陆羽对泡茶的看法。

《茶经·五之煮》里讲到烧水的问题："其沸如鱼目，微有声，为一沸；缘边如涌泉连珠，为二沸；腾波鼓浪，为三沸，已上，水老，不可食也。"热水分为三沸，在没有温度计的时候，判断水温全凭经验，今天也有"开水不响，响水不开"的说法，意思就是要等到沸腾声过了，水才算达到沸点。陆羽在水中加盐巴给茶调味，是为了增加甜度，现在许多卖水果的也会撒一点盐水以增加水果的甜度。加盐行为在宋之后的以清饮为主的品茶中再难看到了。

唐代烧水在第一沸的时候，要注意去沫，这点常做菜的人比较容易取得共识，大量的水沫需要不时舀出，就算不做饭，吃火锅的时候也会经常遇到这种情形；二沸的时候，陆羽谈到要"育华"，实际上就是搅拌降温，防止水过烫而影响茶味，这时的水介于沸水与熟水之间。

陆羽说，斟茶汤入碗时，要让沫饽均匀。《字书》并《本草》说：饽，是茶沫。沫饽是茶汤的精华。薄的叫沫，厚的叫饽。细轻的叫花，就像枣花漂于环池之上。又如回潭拐弯处的青萍初生。又如晴天爽朗有浮云鳞然。茶沫，就像绿苔浮于水面，又如菊花落于酒器之中。饽，是用茶滓煮出来的，沸腾时茶沫不断积压，白白的一层层像积雪一样。《荈赋》所谓"焕如积雪，烨若春藪"，就是这样的吧。

泡出来的茶汤，以第一碗最为味长，是谓"隽永"，然后就是一个递减的过程，一般茶泡到第五碗就不能再泡了。要是有十多人，则要加两炉。意思就是，平常饮茶以三五个人为最佳。在《茶经·六之饮》中，陆羽强调说，茶与解渴的水不一样。要解渴就去喝水，要解忧愁就去喝酒，要清醒头脑就来品茶；并再一次申明，品茶不比喝酒，图人多热闹，品茶之时人不宜多，两三个最好。这是因为"茶性俭，不宜广，广则其味黯淡。且如一满碗，啜半而味寡，况其广乎"。

在宋代，陆羽说的这种煎茶法还在，苏轼经常约三五好友煎茶品饮。说到底，煎茶相对不麻烦。好比现在尽管茶水分离的工夫茶已经深入人心，但泡起来难免麻烦，许多人还是会继续选择把茶叶丢进壶里，浸泡着喝。这些年，闷泡普洱熟茶、白茶，都很时髦。容量2L左右的保温壶，投茶三四克，闷泡约3小时，味道异常诱人，特别适合三四人办公的小环境。

陆羽说，喝茶的时候人不要太多，欧阳修也说一起喝茶的人要有所要求，喝茶"三不点"嘛。

苏轼《和钱安道寄惠建茶》

原文译注

我官于南今几时①，尝尽溪茶与山茗②。

胸中似记故人面，口不能言心自省③。

为君细说我未暇④，试评其略差可⑤听。

建溪所产虽不同，一一天与君子⑥性。

森然⑦可爱⑧不可慢⑨，骨清肉腻和⑩且正。

雪花雨脚⑪何足道，啜过始知真味⑫永。

---

①几时：有些时日。

②山茗：山里的茶。

③自省：自我反省。儒家的一种道德修养方法。

④未暇：指没有时间。

⑤差可：勉强可以。

⑥君子：儒家的理想人格，与小人对应。

⑦森然：盛貌。

⑧可爱：敬爱，喜爱。

⑨慢：态度冷淡。

⑩和：指五味调和。

⑪雪花、雨脚：泛指一般的草茶。

⑫真味：纯粹的味道。宋代评茶，真很重要，味要真味，香要真香。

纵复①苦硬②终可录，汲黯少戆③宽饶④猛。

草茶⑤无赖⑥空有名，高者妖邪⑦次顽懭⑧。

体轻虽复⑨强浮泛⑩，性滞⑪偏工⑫呕酸冷。

其间⑬绝品岂不佳，张禹⑭纵贤非骨鲠⑮。

葵花玉銙⑯不易致，道路幽险隔云岭。

---

①纵复：即使。

②苦硬：指味道粗劣。

③汲黯：汉武帝时有名的大臣，性情耿直，曾当面让汉武帝下不来台。戆（gàng）：耿直。

④宽饶：汉代的盖宽饶清廉奉公，曾上书指责汉宣帝过失，后自杀。

⑤草茶：宋代有两种茶，蒸且研的是膏茶，不经过研膏的则是草茶，有点像今天的普洱茶毛茶与饼茶，毛茶是初加工茶，饼茶是紧压茶。

⑥无赖：没有出息，无所依赖。

⑦妖邪：犹夭斜，袅娜多姿。

⑧顽：本意是难劈开的木头，引申为愚顽之人。懭（kuǎng）：强悍。

⑨虽复：犹纵令。

⑩浮泛：漂浮在水面上。

⑪滞：凝积，不流通。

⑫偏工：偏爱。

⑬其间：其中。

⑭张禹：西汉大臣，精通经学。王氏擅权时期，汉成帝请教过张禹，他没有说实话，所以苏轼说他不耿直。

⑮骨鲠：本意指鱼骨、鱼刺，比喻耿直。

⑯銙：原本是一种随身的装饰品，宋代形似銙的茶称为銙茶，故也以銙作为成品茶的计量单位。建安贡茶有贡新銙、试新銙、龙团胜雪、白茶等名称。

苏轼《和钱安道寄惠建茶》　　157

谁知使者来自西^①，开缄磊落收百饼。

嗅香嚼味本非别，透纸自觉光炯炯。

秕糠^②团凤友小龙，奴隶日注臣双井^③。

收藏爱惜待佳客，不敢包裹钻权幸^④。

此诗有味君勿传，空使时人怒生瘿^⑤。

---

①来自西：从西边来的。唐宋以来，好茶皆在东边，这里暗示西来者不懂茶。

②秕糠（bǐ kāng）：瘪谷和米糠，喻琐碎、无用之物。

③北宋时丁谓进贡龙凤团茶，蔡襄改造小龙团茶，一个比一个金贵。苏轼嘲讽丁谓、蔡襄揣摩上意争宠。草茶开始以日注茶为第一，后来又以双井茶为第一。

④钻权幸：逢迎巴结有权势而得到帝王宠爱的奸佞之人。钻：钻营，逢迎巴结。

⑤瘿（yǐng）：颈瘤，俗称大脖子。

翻译

我如今在南方为官已有好几年了，尝尽了溪边之茶与山中之茶。

心中好像记得老朋友的样子，嘴里不能说但是心中自我反省。

我没有时间为您一一细说，试着评说个大概，勉强可以听信。

建溪所生产的各种茶虽有所不同，但一个一个都天然有君子品性。

长得丰茂令人喜爱，不可轻慢，风骨清幽外表细腻，五味调和，味道纯正。

雪花茶、雨脚茶哪里值得一提，喝过建溪茶才知道纯粹的茶味是那么隽永。

即使味道粗劣还是可以任用，就像汲黯有些耿直、盖宽饶很勇猛。

草茶没有什么依靠空有其名，长得高的婀娜多姿（却无力），次一点的顽固强悍（虚张声势）。

体轻的茶即使勉强浮在水上面，茶性却凝滞酸冷令人反胃。

其中的极品难道不好吗？张禹即便有才能但非骨鲠之臣。

葵花玉銙般的茶不容易得到，道路幽远险阻隔着高山云雾。

谁知道从西边来的使者，拆开封条胸怀坦荡地收下了百饼茶。

只嗅茶香和嚼味本来是不恰当的鉴别方法，但透过包装纸能感觉到茶饼在闪闪发光。

轻视龙团凤饼而对小龙茶友好，役使日注茶和双井茶。

收藏爱惜（建茶）用来款待贵客，不敢包裹着巴结权幸。

这首诗写得有意味请您别外传，不然徒然使当时的人气得长出颈瘤。

茶里的君子与小人

熙宁六年（1073），在杭州通判任上的苏轼，到常州、润州（今镇江）赈饥，途经秀州（今嘉兴），与钱颉（yǐ）重逢。钱颉，字安道，无锡人，之前在御史台做官，此时在秀州监酒税。钱安道因弹劾王安石、曾公亮，被贬出京城。苏轼赞叹他的骨气，曾为他写诗《钱安道席上令歌者道服》，开篇曰："乌府先生铁作肝，霜风卷地不知寒"，称赞钱安道为"铁肝御史"。钱安道有个弟弟叫钱道人，苏轼也有诗作《惠山谒钱道人烹小龙团登绝顶望太湖》，名句"独携天上小团月，来试人间第二泉"就出自这里。

在秀州重逢，钱颉有诗作以及茶赠送苏轼，《和钱安道寄惠建茶》是回赠诗。苏轼在这首诗里，用"草茶无赖空有名，高者妖邪次顽懭"，讥讽世间小人乍得权用，不知上下之分，有的谄媚妖邪，有的顽懭狠劣。另一句"体轻虽复强浮泛，性滞偏工呕酸冷"，同样是讥讽小人体轻浮而性滞泥。"其间绝品岂不佳，张禹纵贤非骨鲠"，是说张禹虽有学问有才能，细行谨饬，但终非骨鲠之臣，皇帝身边的人要是都像张禹这样，谁还会说真话？汉成帝问政于张禹，张禹对王氏擅权只字不提，如果皇帝听不到真话，距离亡国就不远了。

"收藏爱惜待佳客，不敢包裹钻权幸。此诗有味君勿传，空使时人怒生瘿"，是说小人才以好茶钻营权贵。

乌台诗案发生于元丰二年（1079），御史何正臣等上表弹劾苏轼，奏苏轼移知湖州到任后谢恩的上表中，其用语暗藏讥刺朝政之意。被揪出来说事的是其中两句话："知其愚不适时，难以追陪新进；察其老不生事，或能牧养小民。"说他这是公开表示自己不能与倡导变法的新贵合作。随后又举出苏轼大量诗文为证，《和钱安道寄惠建茶》便是其中之一。这案件先由监察御史告发，后在御史台狱受审。御史台中有很多柏树，乌鸦数千栖居其上，故称御史台为"乌台"，亦称"柏台"。"乌台诗案"由此得名。

乌台诗案，根源在其反对变法。王安石变法牵连巨大，反对者皆贬出朝廷。宋代党争，不至于要人命，但苏轼平日讲话写诗，口无遮拦，早已得罪不少人。

就茶事来说，丁谓进贡龙团凤饼与蔡襄改造小龙团之事，就曾遭到苏轼的讥讽，说他们为了争宠，竟然干出这样的事。苏轼在《荔枝叹》里说："君不见，武夷溪边粟粒芽，前丁后蔡相笼加。争先取宠称入贡，今年斗品充官茶。吾君所乏岂在此，致养口体何陋耶？洛阳相君忠孝家，近时亦进姚黄花。"苏轼在自注里还把欧阳修拖下水，说欧阳修一听说蔡襄要进贡小龙团，便惊呼道："君谟士人也，何至作此事！"然而，欧阳修在《归田录》中说到小龙团，可是带着崇敬的语气。即便是苏轼本人，得到皇帝所赐小龙团，也是感激涕零。费衮《梁溪漫志》里有一种意见，说另一个讽刺蔡襄的人，是富弼而非欧阳修。蔡襄是苏轼殿试时候的主考官之一，苏轼这番言论，即便是今天，也经常遭到蔡襄拥趸的反驳。

《和钱安道寄惠建茶》中，茶有了君子与小人的分野。

苏轼在这里表达的是，建茶是君子品性，是正统的味道，像汲黯与盖宽饶，耿直勇猛，可以为君而死；草茶如小人，阴险狡诈，就像张禹一样，表面贤良却一心自保，一句真话也不敢讲，绝非骨鲠之臣。

赵佶《大观茶论》

作者介绍

宋徽宗赵佶（1082—1135），宋朝第八位皇帝，是一位昏君，但也是一位颇有建树的艺术家，他书画俱佳，对茶道也颇有研究，对生活美学带来了前无古人的影响。《大观茶论》是赵佶唯一存世的文章。

原文译注

序

尝谓首地而倒生[1]，所以供人之求者，其类不一。谷粟之于饥，丝枲[2]之于寒，虽庸人孺子皆知常须而日用，不以岁时之遑遽[3]而可以兴废也。至若[4]茶之为物，擅瓯闽[5]之秀气，钟山川之灵禀，祛襟涤滞[6]，致清导和，则非庸人孺子之可得而知矣。冲淡[7]简洁，韵高致静，则非遑遽之时而好尚矣。

---

①草木先向下长根须再向上长枝叶，故称草木为"倒生"。

②丝枲（xǐ）：丝麻。

③遑遽（huáng jù）：惊慌忙乱。

④至若：连词。表示另提一事。

⑤瓯闽：浙江东南部与福建地区。瓯为瓯江流域古百越的一支。

⑥祛（qū）：消除。襟：胸襟。涤：洗。滞：凝结，不通。祛襟涤滞：意思就是能够消除胸中郁结之处。

⑦冲淡：谦虚淡泊。

曾听人说，草木是先向下长根须再向上长枝叶的，能够供给人所求的东西，其种类不一样。谷粟是用来充饥的，丝麻是用来御寒的，虽是凡夫俗子，都知道这是日常生活的必需品，不会因为年岁好坏而兴盛衰废。至于茶这种物品，它占了瓯闽地区的灵秀气韵，凝集了山川美好的禀性，能够消除人胸中的郁结之处，使人清静祥和，这就不是凡夫俗子能够领会得了的。饮茶形成的冲和淡泊、清白无瑕，韵致高雅闲静，更不是惊慌忙乱时能够喜爱和崇尚的。

本朝之兴，岁修建溪之贡，龙团凤饼，名冠天下，壑源之品，亦自此盛。延及于今，百废俱举，海内晏然，垂拱密勿①，俱致无为。荐绅之士，韦布②之流，沐浴膏泽，薰陶德化，咸以高雅尚相从事茗饮。

□ 翻译 □

本朝建立后，每年献纳建溪茶为贡品，龙团凤饼名冠天下，壑源的珍品也从此繁盛。延至今日，各种废置的事情都开始兴办起来，天下安定，垂衣拱手，勤劳努力，达到无为而治。达官贵人、平民百姓，沐浴着恩泽，受德政的教化熏陶，都以高尚风雅互相推崇参与茗饮茶事。

---

①垂拱：垂衣拱手，不亲理专务，多指帝王的无为而治。密勿：勤劳努力。
②韦布：韦带布衣，指粗陋的衣服，代指平民百姓。

故近岁以来，采择之精，制作之工，品第^①之胜，烹点之妙，莫不咸造其极。且物之兴废，固自有然，亦系乎时之污隆^②。时或遑遽，人怀劳悴^③，则向所谓常须而日用犹且汲汲^④营求^⑤，惟恐不获，饮茶何暇议哉？

🔲 翻译 🔲

所以近年来，茶叶采摘的精细，茶叶制作的工巧，品评茶叶的兴盛，烹点手法的精妙，无不达到极致。而且万物的兴盛与衰败，还是有它的自然规律，但是也和世道的盛衰相关联。如果时局让人惊惧不安，百姓劳累辛苦，那么以往所说的日常生活所需还要疲于奔命去谋求，生怕得不到，哪里有时间考虑饮茶之事呢？

---

①品第：评出级别之高低。
②污隆：地形的高下，常指世道的盛衰或政治的兴替。
③劳悴：因辛劳过度而致身体衰弱。
④汲汲：形容急切的样子。
⑤营求：谋求。

世既累洽①，人恬物熙，则常须而日用者，因而厌饫②狼藉③。而天下之士厉志④清白⑤，竞为闲暇修索之玩，莫不碎玉锵金⑥，啜英咀华。校箧笥⑦之精，争鉴裁⑧之妙，虽否⑨士于此时，不以蓄茶为羞，可谓盛世之清尚也。

呜呼！至治⑩之世，岂惟人得以尽其材⑪，而草木之灵者亦以尽其用矣。偶因暇日，研究精微⑫，所得之妙，人有不自知为利害者，叙本末⑬，列于二十篇，号曰《茶论》。

---

①累洽：太平相承。

②厌饫（yàn yù）：饱食。

③狼藉：乱七八糟的样子。

④厉志：奋志，集中心思致力于某种事业。

⑤清白：品行廉洁，端正无污点。

⑥碎玉锵金：这里指茶碾碾茶，发出铿锵之声。

⑦箧笥（qiè sì）：藏物的竹器，主要用于收藏文书或衣物。

⑧鉴裁：指审察识别人、物的优劣。

⑨否（pǐ）：不好的，粗鄙的。

⑩至治：最好的治理。指安定昌盛、教化大行的政治局面或时世。

⑪人得以尽其材：每个人都能充分发挥自己的才能。

⑫精微：精深微妙。

⑬本末：始末，原委。

翻译

如今天下太平相承,人们生活安适和乐,物质充裕,日常所用之物充足,人们饭饱酒足。天下士人,致力于做清白之人,都争先恐后地在闲暇时体味探索,他们将茶碾成末,点茶品饮,体味其中的精华。考察箱子里装了什么好茶,争着品评判别茶叶的高下。虽然是粗鄙的人,在这样的时代也不会以储存茶叶为耻,可以说是盛世的清雅风尚。

哎呀!安定昌盛、教化大行的时代,岂止是人得以尽其才,就是那些有灵性的草木也能物尽其用啊!我偶尔清闲无事,研究茶的精深微妙,领会了其中的奥妙,人们不一定自然知晓茶的利弊,所以记述茶事的始末,分为二十篇,命名为《茶论》。

地产

植产之地，崖必阳，圃必阴①。盖石茶之性寒，其叶抑以瘠②，其味疏以薄③，必资阳和以发之；土之性敷④，其叶疏以暴⑤，其味强以肆⑥，必资阴荫以节之。今圃家皆植木，以资茶之阴。阴阳相济，则茶之滋长得其宜。

---

①崖必阳，圃必阴：山崖要选向阳的南面，园圃要有遮阴。陆羽《茶经》中说种茶要阳崖阴林，同理。

②瘠：（身体）瘦弱；土地不肥沃。

③疏以薄：味道粗劣淡薄。

④敷：足够。这里指肥沃。

⑤疏以暴：形容长得快速猛烈。

⑥强以肆：形容茶味浓强度高。现在品茶行为中，浓强度是一个重要的标准，指茶汤对口腔的渗透程度。

种植茶树的地方，山崖要选阳光充足的南面，园圃要选林木成荫的。山崖石缝间长出的茶叶比较性寒，土地的贫瘠抑制了茶叶生长，茶味也偏粗劣淡薄，必须借助阳光来促进茶叶的生长；而土质肥沃的茶园，茶叶生长得过快，茶味就会浓强度高，必须借助遮阴以控制茶叶的生长。现在的园圃都种植树木，借助它为茶树遮阴。阴阳互相调济，茶叶才能生长得适当。

天时

　　茶之作于惊蛰^①，尤以得天时为急。轻寒，英华^②渐长，条达而不迫，茶工从容致力，故其色味两全。若或时旸郁燠^③，芽奋甲^④暴，促工暴力随槁。晷刻^⑤所迫，有蒸而未及压，压而未及研，研而未及制，茶黄^⑥留积，其色味所失已半。故焙人^⑦得茶天为庆。

---

　　①惊蛰：惊醒蛰伏于地下冬眠的昆虫。惊蛰是二十四节气之一，每年在公历3月5日或6日。时至惊蛰，阳气上升，气温回暖，春雷乍动，雨水增多，万物生机盎然。

　　②英华：精华，亦指美好的人或物，这里指茶叶。

　　③郁燠（yù yù）：指闷热。

　　④甲：这里指茶树的新叶。

　　⑤晷（guǐ）刻：日晷与刻漏，古代的计时仪器。

　　⑥茶黄：指蒸过的潮湿的茶叶。

　　⑦焙人：焙茶的茶工。

🔲 翻译 🔲

茶在惊蛰时节开始制作，尤其以顺应天气因素为最重要。天气微寒，茶芽渐长，枝叶舒展而不急迫，茶工可以从容用心制作，所以制作出来的茶色味俱佳。如果天晴闷热，茶芽猛长，催促茶工急躁赶工，所摘茶芽容易枯萎。由于时间紧迫，有的茶蒸了来不及压榨，压榨了来不及研膏，研膏了来不及制成茶饼，蒸过的茶叶潮湿积存，这种茶叶的色味损失已过半。所以焙茶的工人们在制茶时以遇到好天气为幸事。

采择

撷①茶以黎明，见日则止。用爪断芽，不以指揉，虑气汗熏渍，茶不鲜洁。故茶工多以新汲水自随，得芽则投诸水。凡芽如雀舌②、谷粒者为斗品③，一枪一旗④为拣芽，一枪二旗为次之，余斯为下。茶之始芽萌则有白合⑤；既撷，则有乌蒂⑥。白合不去，害茶味；乌蒂不去，害茶色。

---

①撷（xié）：采撷。

②雀舌：茶叶专业术语，像麻雀舌头一样的茶，形容极为细嫩的茶芽。

③斗品：用来斗茶的茶品，是最上等的茶。

④枪、旗：茶叶专业术语，形容带顶芽的小叶，芽尖细如枪，叶开展如旗。一枪一旗，就是一芽一叶。一枪二旗，就是一芽二叶。

⑤白合：茶芽中两片合抱而生的小叶，通常在第一批春茶里出现，今天叫鱼叶。

⑥乌蒂：黑色的蒂头。

采茶要在黎明时分，太阳一出来就应停止。采摘时用指甲掐断茶芽，不能用手指搓揉，是担心手气和汗水熏染浸渍，茶叶就不新鲜洁净了。所以茶工采茶时大多随身携带刚从井中汲取的清水，采下茶芽就投入水中。凡是如雀舌、谷粒形状的茶芽都被视为斗品，一芽一叶的称为拣芽，一芽两叶的次一等，其余的都为下等茶叶。茶树刚萌芽时会有白合；采下之后则会有乌蒂。白合不除去，就会影响茶叶的味道；乌蒂不除去，就会影响茶叶的色泽。

蒸压

茶之美恶，尤系于蒸芽[①]、压黄[②]之得失。蒸太生则芽滑[③]，故色清而味烈；过熟则芽烂，故茶色赤而不胶。压久则气竭味漓[④]，不及则色暗味涩。蒸芽欲及熟而香，压黄欲膏[⑤]尽亟止。如此，则制造之功，十已得七八矣。

□ 翻译 □

茶叶品质的好坏，关键在于蒸芽、压黄的成败。如果蒸得不够熟，那芽叶就生滑，茶的颜色青而味太浓烈；蒸得过熟，那芽叶就烂了，茶的颜色赤红而不易凝聚。如果压榨的时间过长，则茶气殆尽，味道淡薄；压榨时间不够，则茶的颜色暗淡而味道苦涩。蒸茶以刚蒸熟而发出香气为好；压黄只要把茶汁榨尽就立刻停止。这样，则制茶的成效就达到十之七八了。

①蒸芽：宋代制茶环节，把茶放在甑里用蒸汽杀青。
②压黄：宋代制茶环节，在蒸汽杀青后对茶青进行压榨。
③芽滑：蒸青不足，茶芽含水率较高，果胶物质多，就会生滑。
④漓：浇薄的意思。
⑤膏：这里指茶的汁水。

制造

涤芽①惟洁，濯器惟净，蒸压惟其宜，研膏惟熟，焙火惟良。饮而有少砂者，涤濯之不精也。文理②燥赤者，焙火之过熟也。夫造茶，先度日晷之短长，均工力之众寡，会（kuài）采择之多少，使一日造成。恐茶过宿③，则害色味。

□ 翻译 □

清洗芽叶要洁净，清洗茶器要干净，蒸压茶要恰到好处，研茶要趁热，焙火的火力要长久。饮茶时有小沙尘，那就是清洗得不够细致。茶饼的表面纹理干燥、发红，那就是焙火火力太大。制茶时，先要计算时间长短，调节人工的多少，再决定采摘茶叶的数量，使其一天内制成茶。担心茶青过一夜再制作，就影响颜色和味道了。

---

①这里指洗茶芽程序。现在有些茶企也有洗鲜叶的程序。
②文理：文通纹，纹理之意。
③过宿：经过一夜。

鉴辨

茶之范度^①不同，如人之有首面^②也。膏稀者，其肤蹙^③以文；膏稠者，其理敛以实。即日成者，其色则青紫；越宿制造者，其色则惨^④黑。有肥凝如赤蜡者^⑤，末虽白，受汤则黄；有缜密如苍玉^⑥者，末虽灰，受汤愈白。有光华外暴而中暗者，有明白内备而表质者，其首面之异同，难以概论。

要之，色莹彻而不驳，质缜绎而不浮，举之则凝然，碾之则铿然^⑦，可验其为精品也。有得于言意之表者，可以心解^⑧。比^⑨又有贪利之民，购求外焙^⑩已采之芽，假以制造。研碎已成之饼，易以范模。虽名氏采制似之，其肤理、色泽，何所逃于鉴赏哉！

---

①范度：品类式样。

②首面：指容貌。

③蹙（cù）：皱；收缩。

④惨：形容光色暗淡。

⑤肥凝：脂肪凝在一起，强调其白。赤蜡：没有上色的蜡，也是白的。

⑥苍玉：灰白色的玉。

⑦铿然：形容敲击金石所发出的响亮的声音。

⑧心解：心中领会。

⑨比：近来。

⑩外焙：北苑官焙之外的民间焙场、茶园。

翻译

茶饼品类式样各不相同，就好像人的容貌不同。茶膏稀的，茶饼的表面靥皱成纹；茶膏稠的，茶饼的纹理收敛紧实。当天制成的茶饼，它的颜色青紫；过一夜制成的茶饼，它的颜色就会暗淡发黑。有的茶饼白得像没上色的蜡一样，碾成的茶末虽是白色的，但注入热水冲泡颜色就会发黄；有的茶饼细致紧密犹如灰白色的玉，碾成的茶末虽是灰色的，注入热水冲泡颜色却越来越洁白。有的茶饼光彩外露可内在暗淡，有的茶饼内在鲜明洁白可表面显得质朴无华，茶饼表面的异同，难以一概而论。

总之，茶饼颜色晶莹透彻而不杂乱，质地细致严密而不空虚，拿在手里感觉密实，放到茶碾里碾磨时铿然有声，可以证实是茶中精品。有些茶饼的品级可以用言语来表达，（有些）可以心中领会。近来又有些贪图暴利的茶人，购买外焙采好的茶芽，冒充北苑茶来制造。碾碎已经制成的外焙茶饼，换上北苑的茶模重新压制。虽然茶饼的品名和制造方法与正焙的非常相似，但茶饼的表层纹理、色泽，怎能逃过鉴赏和识别呢！

白茶

白茶①自为一种，与常茶不同。其条敷阐②，其叶莹薄③。崖林之间，偶然生出，非人力所可致。正焙之有者不过四五家，生者不过一二株，所造止于二三銙④而已。芽英不多，尤难蒸焙，汤火一失，则已变而为常品。须制造精微，运度⑤得宜，则表里昭彻⑥，如玉之在璞⑦，它无与伦也；浅焙亦有之，但品不及。

---

①白茶：此白茶非今天所谓的工艺白茶，而是指北苑一带茶叶颜色偏白的一种茶，在宋代很受推崇。

②敷阐：这里形容白茶枝条舒展。

③莹：光洁，透明。薄：厚度小。莹薄：形容白茶茶叶光洁透亮。

④銙：茶的计量单位。

⑤运度：用心测度。

⑥昭彻：明彻，清亮。

⑦璞：蕴藏有玉的石头。

白茶是一个独特的品种，与一般的茶不一样。它的枝条足够舒展，叶子光洁透亮。在山崖丛林之间，偶然生长出来的，不是人力可以栽培的。正焙有这种茶树的不过四五家，每家的白茶树不过一二株，每年所造的茶饼只有两三銙而已。白茶茶芽不多，特别难以蒸茶焙火，蒸茶焙火一不得当，就变成普通的茶了。必须精心制造，用心测度，蒸茶焙火得当，制出的茶饼就内外都明净有光泽，好像藏在璞石之中的美玉，别的茶没有比得上的。浅焙也有白茶，但品质比不上正焙的。

罗碾①

碾以银为上，熟铁②次之。生铁者，非淘炼③槌磨所成，间有黑屑藏于隙穴，害茶之色尤甚。凡碾为制，槽欲深而峻④，轮欲锐而薄。槽深而峻，则底有准而茶常聚。轮锐而薄，则运边中而槽不戛（jiá）。

罗欲细而面紧，则绢不泥而常透。碾必力而速，不欲久，恐铁之害色。罗必轻而平，不厌数，庶几⑤细者不耗。惟再罗，则入汤轻泛，粥面光凝，尽茶之色。

---

①罗：即茶筛，用来筛碾好的茶末。碾：即茶碾，用来碾茶饼。
②熟铁：生铁精炼而成的比较纯的铁。
③淘炼：陶冶锻炼。
④峻：高，陡峭的意思。
⑤庶几：或许可以。

茶碾以银制的最好，其次是熟铁制成的。生铁做的，没有经过陶冶打磨，有时会有黑屑藏在缝隙处，会严重影响茶的色泽。茶碾的样式，碾槽要制作得深而陡峭，碾轮要锐利而薄。碾槽深而陡峭，那么槽底就有准头，碾茶时，茶叶容易聚集在槽底。碾轮锐利而薄，在槽中运行时就不会撞击槽面发出戛戛的声响。

茶筛的筛面要细密且绷得紧，筛面的绢才不会被茶末糊住而使茶末能顺利通过。碾茶一定要有力、快速，碾的时间不能太久，惟恐铁会损害茶的色泽。筛茶用力一定要轻而平稳，不要怕筛的次数多，或许这样可以让细细的茶末没有什么亏耗。只有反复筛过，茶末加入沸水时才会轻盈泛起，沫饽如粥面般凝结有光泽，尽显茶色。

盏

　　盏色贵青黑，玉毫①条达者为上，取其焕发茶采色也。底必差②深而微宽，底深则茶宜立，易于取乳。宽则运筅旋彻③，不碍击拂④。然须度⑤茶之多少，用盏之小大，盏高茶少则掩蔽茶色，茶多盏小则受汤不尽。盏惟热则茶发立⑥耐久。

---

　　①玉毫：兔毫，宋代茶盏以兔毫盏为贵。宋代中后期，推崇建窑黑釉盏，由于釉料配方不同，受温度与氧化影响，黑瓷釉面有着不同的纹理，后人把最重要的纹理分为：兔毫、乌金、油滴、鹧鸪斑、曜变与杂色釉。

　　②差（chā）：比较、略微。

　　③彻：通透。

　　④击拂：点茶专有名词，点茶的一种手法，通过茶筅或茶匙在茶碗中搅拌茶末达到点茶的目的。

　　⑤度（duó）：估算，推测。

　　⑥发立：点茶专有名词，指茶末与沸水在击拂后呈现出的汤花状态。宋代点茶追求出现大量的沫饽。"发立"就是汤花发出很好效果；"无立"就是汤花效果差；"一发点"就是只发了一点点。

　　茶盏的釉色以青黑色为贵，有条理通达的兔毫斑纹的为上品，选取这种茶盏看重的是它能衬托出茶的光彩色泽。盏底比较深且有一定的宽度，盏底深便于茶发立，容易得到白色汤花。盏底宽，能够使用茶筅旋转搅拂，不妨碍用力击拂。当然，要估算茶量的多少，使用大小适宜的茶盏，茶盏高茶量少，就会掩盖遮挡茶的色泽；茶量多茶盏小，茶叶就不能充分地吸收沸水。只有茶盏温热，茶才能发立持久。

筅

　　茶筅以筯竹老者为之。身欲厚重，筅欲疏劲，本欲壮而末必眇[①]，当如剑脊之状。盖身厚重，则操之有力而易于运用。筅疏劲如剑脊，则击拂虽过而浮沫不生。

　　□ 翻译 □

　　茶筅要用老的筯竹制作。筅身要厚重，筅末端的帚状部分要疏朗有劲。筅身要壮实而筅的末端一定要纤细，形状要像剑脊一样。筅身厚重，握着就好用力而且运转自如。筅末端疏朗有劲宛如剑脊，那么搅拂茶汤时，即使用力过头也不会产生浮沫。

---

　　①眇：细小。

瓶①

瓶宜金银，小大之制，惟所裁给。注汤害利，独瓶之口觜②而已。觜之口差大而宛直，则注汤力紧而不散。觜之末欲圆小而峻削，则用汤有节而不滴沥。盖汤力紧③则发速，有节而不滴沥，则茶面不破。

翻译

汤瓶最好是用金、银做成的。汤瓶的大小规格，要根据所需安排。注汤的好坏，关键看汤瓶的嘴口。瓶口稍大并且好像直的，那么注入茶盏的沸水出水急速有力而又不会散乱。瓶嘴圆小而尖削，注入茶盏的水流有节制而不会滴沥。注水急速有力则出水速度快，有节制就不会滴沥，茶汤表面就不容易被破坏。

---

①宋代点茶，不再用锅烧水，而是直接用汤瓶。蔡襄在《茶录》里说，汤瓶要小，才方便控制。宋徽宗《文会图》里，炭火上就烧着好几个汤瓶。

②口：指壶嘴与壶身相连的地方。觜（zuǐ）：本义是鸟嘴，这里指壶嘴上的出水口，细长而有锐角，类似今天的咖啡手冲壶，这么设计主要是为了好控水。

③紧：紧促，迫切。

杓^①

杓之大小，当以可受一盏茶为量。过一盏则必归其有余，不及则必取其不足。倾杓烦数^②，茶必冰矣。

□ 翻译 □

茶杓的大小，应当以能盛一盏茶汤为量。如果超过了一盏的容量，那剩下的就一定要倒回去；如果不足一盏的量，那就一定要再舀来补上。茶杓来回倾倒的次数多了，盏里的茶就一定凉了。

---

①茶杓在点茶环节中主要作用是舀沫饽，并非用来舀水或舀茶末。点茶先在大的茶碗或茶盏中点好，再用茶杓分到小茶碗里。

②烦数：频繁的意思。

水

　　水以清轻甘洁为美。轻甘乃水之自然，独①为难得。古人品水，虽曰中泠、惠山为上②，然人相去之远近，似不常得，但当③取山泉之清洁者。其次，则井水之常汲者为可用。若江河之水，则鱼鳖之腥，泥泞之污，虽轻甘无取。凡用汤以鱼目、蟹眼连绎④迸跃⑤为度，过老则以少新水投之，就火⑥顷刻而后用。

---

①独：独特，特别。

②张又新所记陆羽品水，中泠水第一，惠山泉第二。

③但当：只要。

④连绎：连续不断的意思。

⑤迸（bèng）跃：跳跃的意思。

⑥就火：放到火上。

　　水以清澈、质轻、味甜、洁净为好。水质轻、水味甘甜是水的天然品质，特别难得。古人品水，虽然说以镇江中泠泉水、无锡惠山泉水为上品，可是人们离那儿有远有近，似乎不方便经常取得，只要取清洁的山中泉水就好了。其次，人们常常汲用的井水是可以取用的。至于江河之水，有鱼鳖的腥味，泥泞的污浊，即使是质轻味甜也不要取用。用于点茶的沸水，以水面接连翻滚出一连串的鱼目、蟹眼一样的气泡为准则，如果水沸腾的时间过长，就要往里加些新汲之水，放在火上再烧煮一会儿后使用。

点

　　点茶不一，而调膏^①继刻，以汤注之，手重筅轻，无粟文^②蟹眼者，谓之静面点。盖击拂无力，茶不发立，水乳未浃^③，又复增汤，色泽不尽，英华沦散^④，茶无立作矣。

翻译

　　点茶手法没有统一的范式，调制成膏状后立即把沸水注入茶碗，搅拌时如果手力重筅力轻，茶汤中没有出现粟纹、蟹眼形状的汤花，这叫作静面点。这大概是茶筅击打无力，茶汤没有发立，沸水与茶没有融合，又加入沸水，茶汤的色泽不能完全显现，精华一旦散开，茶便不会发立。

---

①调膏：将适量的茶粉放入茶碗中，注入少量开水，调成非常均匀的糊糊状。
②粟文：粟状纹理。
③浃（jiā）：湿透。此处指融合。
④沦散：散落，散失。

有随汤击拂，手筅俱重，立文泛泛，谓之一发点。盖用汤已过，指腕不圆①，粥面未凝，茶力已尽，云雾虽泛，水脚②易生。

🔲 翻译 🔲

一边注水一边击拂，手力筅力都重，茶汤只有一点点汤花，这叫一发点。这是注水时间太长，指力腕力不够灵活，茶汤表面尚未像粥面一样凝结，但茶力已经耗尽，茶汤表面虽有一点点云雾状的汤花，但汤花容易消失而产生水痕。

---

①不圆：不够灵活。这里指击拂手法不熟练，时快时慢，不利于沫饽产生。

②水脚：点茶中指沫饽消散后，在茶盏壁上留下的水痕。在斗茶环节中，水痕出现的早晚是关键指标。

妙于此者，量茶受汤，调如融胶。环注盏畔，勿使侵茶。势不欲猛，先须搅动茶膏，渐加击拂。手轻筅重，指绕腕旋，上下透彻，如酵蘗之起面①。疏星皎月，灿然而生，则茶面根本立矣。

翻译

深谙点茶奥妙的人，会根据茶末的多少注入沸水，将茶膏调得像融化的胶汁。沿着茶盏边沿环形注入沸水，不要直接注到调好的茶膏上。注水不能太猛，要先搅动茶膏，再渐渐加力击拂。手的动作轻，筅的力度重，手指手腕一起回旋转动，将茶汤上下搅拌得透彻，就像酵母使面团疏松。茶汤表面像疏星与皓月，光彩灿烂地生发出沫饽，茶汤表面就基本发立了。

---

①酵蘗（niè）：指用于发面的酒曲。起面：使面粉发酵。

赵佶《大观茶论》　195

第二汤自茶面注之，周回一线[①]，急注急止，茶面不动，击拂既力，色泽渐开，珠玑磊落[②]。

第二次注入沸水要从茶面上注入，环绕着注水一圈，急速注水急速停止，茶面不扰动，然后用力击拂，茶的色泽渐渐舒展开，茶面上泛起错落有致、晶莹似珠玉的大小泡泡。

①周回：环绕，循环，反复。周回一线：环绕着注水一圈。
②磊落：错落有致。

三汤多置，如前击拂，渐贵轻匀^①，周环旋复^②，表里洞彻^③，粟文蟹眼，泛结杂起^④，茶之色十已得其六七。

□ 翻译 □

第三次注入沸水要多，与前面一样击拂，用力渐渐轻盈而匀称，周旋回转，直到盏里的茶汤里外通透，粟纹、蟹眼似的汤花，泛起凝结夹杂在一起出现，茶的色泽已显现出十之六七了。

---

①轻匀：轻盈匀称。

②旋复：回转。

③洞彻：指清澈见底，通达事理，深入透彻了解事物规律。

④泛结杂起：联袂，夹杂，不分你我。

四汤尚啬①，筅欲转稍宽而勿速，其清真②华彩③，既已焕然，云雾渐生。

第四次注入热水要少，茶筅要转动范围大，但速度不要太快，这时茶的真实自然的美已焕发出来，云雾状的汤花渐渐从茶面生起。

---

①啬：少。

②清真：纯真朴素、真实自然。赵佶在《大观茶论》里，多喜欢用"清"与"真"来描述茶的方方面面。

③华彩：美观，漂亮。

五汤乃可少纵①，**筅欲轻匀而透达**②。**如发立未尽，则击以作之；发立已过，则拂以敛之。结浚霭**③，**结凝雪，茶色尽矣。**

　　□ 翻译 □

　　第五次注入热水可以稍微放缓，转动茶筅要轻盈匀称而畅达透彻，如果发立还没完全，就用力击打使它发立；如果发立太过，就要轻轻拂过使茶面收敛。茶面上凝结成很深的云雾状，凝结成积雪状，这时茶汤的色泽已经完全显现出来。

---

　　①少纵：稍微放缓。

　　②透达：透彻明白，畅达无阻。

　　③结：凝结。浚：深。霭：云雾密集。

六汤以观立作，乳点勃然则以筅着居[①]，**缓绕拂动而已。**

　　第六次注入热水要观察汤花发生的状态，茶面上白色茶沫点点泛起，就将茶筅滞慢下来，缓慢地环绕拂动就可以了。

---

　　①着：助词，表示动作、状态的持续。居：指停留，停滞。

七汤以分轻清重浊，相①稀稠得中，可②欲③则止。乳雾汹涌，溢④盏而起，周回凝而不动，谓之咬盏。宜均其轻清⑤浮合⑥者饮之，《桐君录》曰："茗有饽，饮之宜人，虽多不为过也。"⑦

⌐ 翻译 ⌐

　　第七次注入热水要区分茶汤的轻清重浊，观察茶汤稀稠是否适中，适合需求就停止注水。细乳如云雾汹涌而至，充满茶盏，凝结在茶盏周围不动，称之为咬盏。应当均匀那些轻清上浮充分融合的沫饽，舀出来饮用。《桐君录》中说："茶上面有沫饽，喝了它对人的身体特别有益，即使喝得很多也不为过。"

———————————

　　①相：观察事物的外表，判断其优劣。

　　②可：适合。

　　③欲：需要，需求。

　　④溢：充满。

　　⑤轻清：轻盈而清澈。

　　⑥浮合：浮在上面。

　　⑦陆羽《茶经》引用过这段文字，陆羽说：沫饽，是茶汤的精华所在。

味

　　夫茶以味为上。甘香重滑①为味之全，惟北苑、壑源之品兼之。其味醇②而乏风骨③者，蒸压太过也。茶枪乃条之始萌者，木性酸④，枪过长则初甘重而终微涩⑤。茶旗乃叶之方敷者，叶味苦，旗过老则初虽留舌而饮彻反甘矣，此则芽铐⑥有之。若夫卓绝⑦之品，真香灵味，自然不同。

---

　　①香甘重滑：茶味评价术语，沿用至今。香，茶有真香，是本体的香。甘，回甘，是茶迷人之处，由苦而甜。重，指口感的饱满度，类似今天品茶说的浓厚。滑，茶汤的黏稠顺滑。香、甘、滑都是延续蔡襄的说法，重是赵佶对茶味评价的独创。

　　②醇：本义为酒质浓厚，引申为精粹。

　　③在古典文学理论中，"风骨"指气韵生动，文辞有力。赵佶在茶里引入"风骨"，是强调在纯粹的茶味中还要追求茶韵，有韵外之致、味外之旨，也是对他倡导茶味要"重"的延伸。后世武夷茶特点中总结出岩骨，对应岩韵，是对赵佶风骨论最好的回应。

　　④木性酸：这是五行对五味之说，木对应的是酸味。

　　⑤涩：是由茶多酚带来的苦涩。

　　⑥芽铐：茶芽制成的茶饼。

　　⑦卓绝：达到极限。

茶以滋味为重要。甘、香、重、滑，是茶的全面完美的滋味，只有北苑、壑源的茶才兼有这四种真味。如果茶的味道醇厚而少风骨，是制茶时蒸茶、压榨得太久了。茶枪是枝条刚开始生长时萌生的茶芽，木性酸，茶芽过长则茶味最初甘甜醇厚，可最后却有些苦涩。茶旗是刚刚展开的嫩叶，叶的味道苦，叶长得太老，一开始虽有苦味留在嘴里，喝完了就会有回甘，这是茶芽制成的茶饼会有的现象。如果是茶中的极品，具有原真的香气，灵韵的味道，自然不同一般。

香

　　茶有真香①，非龙麝可拟。要须蒸及熟而压之，及干而研，研细而造②，则和美具足。入盏则馨香四达，秋爽洒然③。或蒸气如桃仁夹杂④，则其气酸烈而恶。

🔲 翻译 🔲

　　茶有本真自然的香味，不是龙脑、麝香的香味可媲美。主要是必须把茶叶蒸到正好熟就压榨，等榨干了就立刻研磨，研细之后就立刻制成茶饼，这样的茶就和美具足了。茶一入盏就有馨香之气四处扩散，如秋高气爽令人畅快。如果蒸茶时蒸气中夹杂有桃仁之类的异味，这样的茶酸味浓烈茶味粗劣。

----

　　①真香：本原、自然的香味。

　　②造：放入茶模具制成茶饼。

　　③洒然：清凉爽快。

　　④桃仁：桃仁气味苦，这里指茶未蒸熟造成的异味。黄儒《品茶要录》曰："味为桃仁之气者，不蒸熟之病也。"

色

点茶之色，以纯白为上真①，青白为次，灰白次之，黄白又次之②。

天时得于上，人力尽于下，茶必纯白。天时暴暄③，芽萌狂长，采造留积④，虽白而黄矣。青白者，蒸压微生；灰白者，蒸压过熟。压膏不尽则色青暗，焙火太烈则色昏赤。

🔲 翻译 🔲

点茶的汤色，以纯白色为最好，青白色的其次，灰白色的更次，黄白色的又在此之下了。

上得天时，下尽人力，茶色必然是纯白色的。天气暴热，茶芽迅速萌发，肆意疯长，采茶、制茶时有积压不及时制作，即便是纯白的茶色也会变黄了。茶色显青白的，是蒸压得稍微有些不够；茶色显得灰白的，是蒸压得过度了。茶汁压榨得不够干净，茶色就青暗；焙茶之火太旺，茶色就会发暗发红。

---

①上真：道教徒眼中的真仙。这里指最好的茶。

②蔡襄在《茶录》中说，斗茶时，青白胜过黄白。黄儒在《品茶要录》中说，从味道角度，则以黄白胜青白。

③暄：炎热。

④留积：滞留累积。

藏焙

焙数^①则首面干而香减，失^②焙则杂色剥而味散。要当新芽初生即焙，以去水陆风湿之气。焙用热火置炉中，以静灰拥合七分，露火三分，亦以轻灰糁^③覆。良久^④，即置焙篓上，以逼散焙中润气。然后列茶于其中，尽展角焙之，未可蒙蔽^⑤，候火通彻，覆之。火之多少，以焙之大小增减。探手炉中，火气虽热而不至逼^⑥人手者为良。时以手挼^⑦茶体，虽甚热而无害，欲其火力通彻茶体耳。或曰，焙火如人体温^⑧，但能燥茶皮肤而已，内之余润未尽，则复蒸暍^⑨矣。焙毕，即以用久竹漆器^⑩中缄藏之，阴润勿开。如此，终年^⑪再焙，色常如新。

---

①焙数：焙火多次。蔡襄说的焙火是常焙法，隔几天就要焙一次。赵佶则认为这样有损茶味，一年焙一次就好，但需要密封好。

②失：控制不好，没有把握住。如失足、失言。

③糁（sǎn）：散落，挥洒。

④良久：很久。

⑤蒙蔽：遮盖。

⑥逼：驱赶。

⑦挼（ruó）：揉搓。

⑧蔡襄认为，焙火的火温要如人的体温，但赵佶觉得这是不够的。

⑨暍（yē）：暑热，中暑。

⑩用久竹漆器：用旧的竹制漆器。这样不会窜味。

⑪终年：过一整年。

🔲 翻译 🔲

　　茶焙火的次数多了，茶饼的表面就显得干燥，香气锐减；焙火掌握不好，茶色会脱落为杂色，茶味也会散失。须在新芽初生时节便起焙，除去水陆风湿之气。焙火，要在焙炉里放上热火，用洁净的炭灰掩盖七分火，露出三分火，这三分露火也要用微尘散覆。要多等一会，才把焙篓放在焙炉上，用来逼散焙篓中的潮气。之后把茶饼摆放在焙篓里，打开包装焙火，不可覆盖，等火力通透了，盖上焙篓的盖子。火温的高低根据焙篓的大小调整。把手伸到焙炉中，以炉火温度虽热却不至于烫手为宜。常常用手揉一揉茶，茶即使很热也没有什么损害，要让火力穿透茶体。有人说，焙火的温度与人的体温差不多就可以，这只能使茶饼的表皮干燥罢了，茶体内的湿气如果没有烘尽，就会有湿热伤害茶饼。茶饼焙完之后，就立即以用了很久的竹制漆器密封保存起来，天阴潮湿的时候不可开封。这样，过一整年再焙一次，茶色能够长久保持得像新茶一样。

品名

　　名茶各以所产之地。如叶耕之平园、台星岩，叶刚之高峰、青凤髓，叶思纯之大岚，叶屿之眉山，叶五崇林之罗汉山水、桑芽，叶坚之碎石窠、石臼窠一作突窠，叶琼、叶辉之秀皮林，叶师复、师贶（kuàng）之虎岩，叶椿之无双岩芽，叶懋之老窠园，诸叶各擅其美[1]，未尝混淆，不可概举。后相争相鬻[2]，互为剥窃，参错无据。不思茶之美恶者，在于制造之工拙而已，岂岗地之虚名所能增减哉？焙人之茶，固有前优而后劣者，昔负而今胜者，是亦园地之不常[3]也。

---

①参见方健《中国茶书全集校证》。方健以为，这里出现的叶，是指叶姓的茶农，以产极品茶著称，他们做的茶总称"叶家白"或"叶白"，在宋代具有盛名，可以与北苑、壑源所产齐名。

②鬻（yù）：卖。

③不常：不固定。

茶皆因产茶地而得名。就像叶耕家的平园、台星岩茶，叶刚家的高峰茶、青凤髓茶，叶思纯家的大岚茶，叶屿家的眉山茶，叶五崇林家的罗汉山水茶、桑芽茶，叶坚家的碎石窠茶、石臼窠（一作突窠）茶，叶琼、叶辉家的秀皮林茶，叶师复、叶师贶家的虎岩茶，叶椿家的无双岩芽茶，叶懋家的老窠园茶，诸位叶家出品的茶各有各的美，不曾混淆，不能一一列举。后来各地的茶叶争相出售，互相盗用其名，错乱无据。不曾想茶的好坏，在于制造的优劣罢了，哪里是所产地的虚名所能增减的呢？焙茶工的茶，固然有先前质优而后来质劣的，也有先前失败而后来胜出的，这也是茶园所产品质不固定造成的。

外焙

　　世称外焙之茶①，脔②小而色驳，体好而味淡。方③之正焙，昭然可别。近之好事者，箧笥之中，往往半之蓄外焙之品。盖外焙之家，久而益工。制造之妙，咸取则于壑源④。效像⑤规模⑥，摹外为正。殊不知其脔虽等而蔑⑦风骨，色泽虽润而无藏畜⑧，体虽实而缜密乏理，味虽重而涩滞乏香⑨，何所逃乎外焙哉？

---

　　①外焙：有两种情况，第一是北苑正焙之外的焙场，第二种是官焙之外的民焙。

　　②脔（luán）：本义是小块肉，这里指茶叶。

　　③方：比较。

　　④壑源：正焙的核心地带。

　　⑤效像：模仿，仿效。

　　⑥规模：这里规与模都是制作北苑茶的模具。

　　⑦蔑：无，没有。

　　⑧藏畜：蕴藏。

　　⑨这一段，赵佶从风骨、润度、紧实、条索、滋味以及香气等六方面对茶做出了审评。

虽然，有外焙者，有浅焙者。盖浅焙之茶，去壑源为未远，制之能工则色亦莹白，击拂有度则体亦立汤，惟甘重香滑之味，稍远于正焙耳。至于外焙，则迥然可辨。其有甚者，又至于采柿叶、桴榄①之萌，相杂而造。味虽与茶相类，点时隐隐如轻絮②泛，然茶面粟文不生，乃其验也。

桑苎翁曰："杂以卉莽，饮之成疾。"③可不细鉴而熟辨之？

---

①桴榄到底是什么植物，不可考。茶叶造假，从古至今没有中断过。黄儒在《品茶要录》："故茶有入他叶者，建人号为'入杂'。銙列入柿叶，常品入桴榄叶。二叶易致，又滋色泽，园民欺售直而为之。"

②轻絮：指柳絮。

③陆羽《茶经》："采不时，造不精，杂以卉莽，饮之成疾。"

翻译

世人所说的外焙茶，叶体瘦小、颜色驳杂，外表好看但滋味淡薄。外焙和正焙茶相比，显然可以辨别。近年来有些好事之人，常常在装茶的竹筐里藏一半外焙茶。从事外焙的茶工，模仿正焙久了，也越做越精巧。他们制茶的妙处，都取法于壑源。模仿壑源的样式与图案，把外焙做成正焙的样子。却不知外焙茶叶大小等方面尽管相同，却没有正焙茶的品质、格调；表面色泽虽然莹润，可缺少内在的蕴味；茶饼虽然压得紧实，但条索纹理并不细密；茶味虽然醇厚，但涩感滞积缺少茶香，哪能够逃出外焙的审评呢？

虽然如此，茶还是有外焙的、有浅焙的。浅焙的茶园与壑源正焙相距不远，如果制造得很精巧，茶色也能晶莹洁白，点茶时如果击拂有力度，茶也能在沸水中发立，只是在甘甜、醇厚、香气、顺滑等方面，味道比正焙要稍逊一筹。至于外焙茶，就能够明显地辨别出来。还有一些更过分的，甚至采摘柿叶、桴榄嫩芽，同茶叶掺杂混制。味道虽然与茶相似，但点茶时隐隐如有柳絮漂浮，茶汤表面不能产生粟状的花纹，这正是假冒产品的明证。

桑苎翁陆羽说过："混杂着其他杂草的茶，饮用了会生病。"难道不要仔细鉴别与熟练分辨？

宋徽宗对茶道艺术的三大贡献

宋徽宗赵佶于茶之贡献，对后世有深远影响，有些层面上超过了茶圣陆羽。

首先，赵佶是盛世兴茶论的首创者。他说粮食是为了抵御饥饿，丝麻是为了抵御寒冷，大家都明白这个道理；但茶的妙处，却不是每个人都能够领略到。为什么呢？他认为茶是一种艺术，是一种能够开阔胸襟，带来淡泊高雅境界与清白德义的妙品。

如果终日为三餐发愁，户外枪火不断，人们陷在劳苦与忧愁中，是不可能有闲暇与闲心来品饮茶的，所以赵佶说，品茶行为是盛世之清尚。

其次，赵佶对茶的原产地、原材料以及制作方式的极致追求，缔造了制茶艺术的巅峰时代。茶的产地要阳崖阴林，茶的品种以白茶（不同于现在的白茶）为上，采摘的时间明确在日出之前，采摘时只能用指甲掐，鲜叶要放到随身携带的水罐中，鲜叶必须分拣评级后才能进入制作环节。

茶文化复兴的这二十年，但凡符合这一标准的产地，茶产业都取得了很大的进步，比如福建的武夷山、云南的易武正山、广东的凤凰山，这些地方不仅有山场符合这一定义，茶树品种也异彩纷呈，武夷山的三坑二涧，易武正山的七村八寨都是极微小的产区，近年来流行的各种大单株，武夷山母树大红袍，凤凰山的宋种，云南的几棵茶王树所产，动辄以几十万、百万计。单株这种玩法，正是起源于宋代，建安王家的白茶只有一株，年产最多不过六七份小饼，一饼茶价值过千，蔡襄得到过一饼，非常珍惜。

2015年，在《茶与宋代社会生活》的修订版里，宋代茶史专家沈冬梅在第一章增加了一节专门讲宋代地域、品种与上品茶观念，有着与现实结合之处。沈冬梅对《大观茶论》里茶枸的先后不同解释，也有助于我们更好地理解点茶。茶生活的背后，其实是观念史。有时候我们需要去历史中寻找一些踪迹。

宋徽宗对贡茶的命名也值得说说，如贡新銙、龙团胜雪、御苑玉芽、万寿龙芽、太平嘉瑞、琼林毓粹、清白可鉴、风韵甚高等，有些是按原料等级，有些是按照造型样式，有些是美好寄托。宋徽宗把自己对茶文化的热爱，以一种其他茶人达不到的方式呈现出来：用天下最好的原料，请最好的茶工，做出最好的茶，并赋予它们特定的价值与意义。

蔡襄创造龙凤小团，深得皇家喜欢；后来贾青造的密云龙继为皇室新贵；到了宣和年间，郑可简创造银线水芽工艺，制作出龙团胜雪，把制茶工艺推向空前境地。

银线水芽制作，先采择新抽茶枝上的嫩尖芽，蒸熟后剥去稍大的外叶，只取芽心一缕，再用珍器贮清泉泡过，最后制成的龙团胜雪像银线一样晶莹，饼面上有小龙蜿蜒其上。宋代熊蕃感慨道："盖茶之妙，至胜雪极矣。"龙团胜雪缔造了一个登峰造极的神话。后人造茶不可能再超过宋徽宗时代，因为没有哪个茶人能拥有他这样无上的权力，又拥有他至高的审美，所以，后来的茶人都会缅怀宋徽宗那个茶叶盛世。正如伊尹对商汤所说，要想做出最好的食物，就必须先获得天下，有权力后才能把五湖四海的好东西往宫里搬。

宋代皇室对茶的推崇，带动了大臣的深度参与。蔡襄早些年与欧阳修、梅尧臣等人在一起聚会，他朗诵诗歌，轮不到他泡茶，但等他当上福建路转运使后，大家便都很期待他送的茶。梅尧臣就曾写信问欧阳修，怎么我还没收到蔡襄的茶，是不是只寄给你没有寄给我？

其三，赵佶带来了品茶艺术的高峰时代。他不仅把制茶艺术推向高峰，也把如何呈现茶道艺术的方法公布于世。赵佶的七汤点茶法，既有可供欣赏的艺术形式，又有具体的操作手法。

有了他的具体描述，宋代茶道艺术的复兴才成为可能。

唐朝陆羽开辟了茶道艺术的疆域，带领茶从茗粥走向清饮，从茶俗走向艺术，创造茶器，界定用水，赋予茶美好的想象。

陆羽呈现茶道艺术的方式是，用白绢四幅或六幅，把饮茶之要分别写出来，张挂在座位旁边，陈列茶源、茶具、制法、茶器、煮水、饮法、茶事、产地以及场景，目击而道存，茶的秩序就完备了。

卢仝呈现茶道艺术的方式，是在一碗茶接着一碗茶的品饮中，找到感觉与灵思的关系。一碗喉吻润，两碗破孤闷。三碗搜枯肠，唯有文字五千卷。四碗发轻汗，平生不平事，尽向毛孔散。五碗肌骨清，六碗通仙灵。七碗吃不得也，唯觉两腋习习清风生。

蔡襄为品茶行为注入色香味的评价标准，形成了别具一格并影响至今的品茶艺术。

赵佶呈现茶道的方式是七汤点茶法，其妙处就像颜真卿领悟到了屋漏痕的书法真谛，褚遂良领悟了锥画沙的书法真谛一样。

与陆羽一样，宋徽宗同样从创造茶器入手来阐扬茶道艺术。他用茶筅取代茶匙，使得击拂出乳雾的点茶艺术更加丰富饱满，茶人用茶筅点茶，就像将军拔剑，一碗茶汤的生死，全在双手之间。

宋徽宗注意到，点茶注水的汤瓶要控水与断水自如，关键处便在于汤瓶从口到嘴的这段，汤瓶的嘴像鸟嘴一样，口小而锐尖，出水口稍大并且比较直，这样注入茶盏的水流好控制而不会滴沥不尽。今天的烧水茶壶的设计大都粗鄙不堪，反而是咖啡手冲壶的瓶嘴小而尖，设计曲直有度，能控水也能断水。

赵佶对水的评价同样影响深远，我们今天评价用水同样以"清轻甘洁"为主，因为有陆羽、赵佶等人的推崇，狭义的茶水文化（不是水文化）在中国异常发达。水清是指清澈无杂色，是活水；水轻用今天的话说就是小分子水，更容易分解与吸收；水甘即水甜；水洁指无污染、无杂质，干净的水才能泡好茶。

品茶行为中，口感是一种很纯粹的感觉。滋味是一种触觉，而香气是嗅觉，色泽是视觉上的愉悦，加上人的体感，喝茶要调动人的多种感官仔细投入。

"香甘重滑"是赵佶评价好茶的标准，同样影响至今。

香，自然是指茶里的香气，也指茶水里的香气。现在已知的茶香有上百种，但宋徽宗时代的茶香讲究真香，而不是混合了其他香料的香，诸如加了龙脑、麝香后的香。

甘，就是甜感，持久的甜感，本书《茶的色香味》一篇中有详细讲述。

所谓滑感，就是茶水通过口腔、喉咙的那种柔软畅快而又细腻体贴的感觉。与滑感对立的是涩感，涩感是茶多酚遭遇唾液中的蛋白质而导致的窒碍物感，为了消除这种涩感，从种茶环节就要开始注意，不能让茶叶过多照射阳光，制作时要更多地榨去茶汁。

重，就是厚重，强调滋味的饱满度与丰富度。这种滋味是叠加的、多重（chóng）的、厚实的，茶汤的醇厚感强烈地冲击口腔、喉咙、肠胃、大脑，先从上而下，再从下而上，刺激大脑神经。厚重是茶多酚、茶多糖、氨基酸、咖啡碱、茶叶碱等多种成分在口腔里迸发之效果，之后才带来所谓的茶气，游离于口感之外，在身体各部位如手心、腹部、后背、额头等处感受到茶气的游走，能对应上卢仝的七碗茶歌，多么令人愉悦！

赵佶评价茶饼的部分，后人不太重视，这是因为明清以来改喝散茶，茶叶形态出现了根本性的变化。但如今普洱茶饼、白茶饼的流行，使得赵佶构架的赏饼法再次回归。

紧压茶风格与散茶有着很大的不同，陆羽在《茶经》里提出了茶饼欣赏的八个等级。在《大观茶论》里，赵佶从风骨、润度、紧实度、条索、滋味以及香气等六方面对茶饼做出了评审，成为今天紧压茶评审的理论来源。

总而言之，在陆羽、蔡襄等人之后，宋徽宗赵佶把茶学推向了新局面。他重申欧阳修、苏轼以来的宋代"三不点"美学，他们的理论构成了宋代茶文化的基石。

为什么阳崖阴林、高山云雾出好茶？

一开始，我以为阳崖阴林、高山云雾出好茶，是诗与远方的想象，是文人骚客的修辞手段；后来才知道，"高山云雾出好茶"只是陈述了一个事实。

陆羽在《茶经》里说："野者上，园者次。阳崖阴林，紫者上，绿者次；笋者上，牙者次；叶卷上，叶舒次。阴山坡谷者，不堪采掇，性凝滞，结瘕（jiǎ）疾。"他认为：野生茶树品质为上，茶园种植的为次。生长在向阳山坡或有树林遮阴的园圃的茶树，芽叶呈现紫色的为上，绿色的为次；芽叶形如笋的为上，如牙状的为次；叶面背卷的为上，叶面舒展的为次。生长在阴面坡谷的茶树不值得采摘，因其性状凝滞，饮后容易患上腹中结块的病。

宋徽宗在《大观茶论》里延续了陆羽的说法，只不过他讲得更细致。他认为种植茶树的地方，要选阳光充足的山崖，或林木成荫的园圃。山崖石缝间长出的茶叶比较性寒，土地的贫瘠影响到了茶叶生长，茶味也偏粗劣淡薄，故而须借助阳光来促进茶叶的生长；而土质肥沃的茶园，茶叶生长得快且大，茶味就会过于浓烈，因此必须选择在林木成荫处开辟茶园，以调控茶叶的生长速度。阴阳相济，才能生长出最好的茶。现在的苗圃中都种植树木为茶树遮阴，就是这个道理。

宋人范镇《东斋记事》卷四记载，蜀地有八个地方产茶，以蒙顶山的最好："然蒙顶为最佳也。其生最晚，常在春夏之交。其芽长二寸许，其色白，味甘美，而其性温暖，非他茶之比。"李景初写信给范镇说："方茶之生，云雾覆其上，若有神物护持之。"蒙顶茶生长在云雾之间，好像有神物守护。

那么，阳崖阴林、高山云雾出好茶到底有没有依据？用现代科学能不能解释清楚？

慢生养，滋味好

高山也好，山崖也好，都是说海拔高。海拔高的地方天气比平原要寒冷，所以茶树生长得慢，有利于氨基酸生成；另一方面，海拔越高，空气的压力就越低，二氧化碳随着高海拔会越来越少，而碳是所有植物生命必需的元素，越是稀少，植物存活率就越低。能在高海拔存活下来的植物，有着很强的竞争优势。

茶树有喜湿怕涝的特性。高山的云雾与树林，都有遮光的作用，云雾与树林能把直射太阳光变成漫射光，有了云雾，日照也变得短了，能减少儿茶素当中苦涩味的生成，有利于茶滋味的鲜爽度。其次，露水可以洗去叶面的尘埃，提供合适的湿度，有利于叶片呼吸。第三，云雾会让芽叶能够长时间保持鲜嫩，不会很快变得粗老，十分有利于茶品质的提高。

现在云南呼吁回到过去那种森林茶园，是对密植茶园的反思。

上高山，风土佳

茶圣陆羽在《茶经》里说的"烂石"，其实就是风化石，只有在高山上才有。而高山里的野生茶，更是陆羽心目中的好茶。

按照今天的说法，茶树喜欢长在有坡度、有石块的地方，而不是那些土地肥沃的地方。茶树喜欢酸性土壤，在山坡地带，由于雨水冲刷的作用，山石间往往积累了大量矿物质，这是茶树非常喜欢的环境。有机质和各种矿物质元素丰富，茶的口感自然丰富。

茶树的生物特性是先向下生长，根牢固了再往上长。茶树根很怕被泡坏，要是在坝子里，遇到雨季，很容易就把树根泡坏，而生长在斜坡和渗水性好的沙砾地带，就不存在这样的问题。

温差大，口感好

高山上一年四季温差大，早晚温差大。温差对茶树有什么影响？植物的生长依赖两种作用，一种是大家熟知的光合作用，另一种是呼吸作用。

光合作用是绿色植物利用光能，使二氧化碳和水合成有机物并释放氧的过程。光合作用合成了葡萄糖，并转化为多糖、纤维素等。呼吸作用是光线少的情况下，植物消耗能量与氧气，释放出水和二氧化碳。

白天温度高，酶的活性高，有利于有机物的积累，晚上光照弱，呼吸作用大于光合作用，温度低酶活性低，呼吸作用消耗的有机物少，茶因此积累了更多氨基酸、茶多糖、芳香物质，这就是高山茶品质好的原因。高原苹果、高原青稞品质更高、口感更好也是这个原因。

还有一点也很重要，高山上温差大，冬季有霜冻，有大雪，能够杀死一些虫卵，茶树不容易生病。而低海拔地区的茶园，病虫害更多一些。

宋代建溪的北苑茶，其地在一山中间，周围都是荒弃之地。茶出自此山者号"正焙"，一出此山之外者，则曰"外焙"。正焙、外焙色香迥然不同。

历史学家李埏教授说，茶叶经济本质上是高山经济，把茶种在山上，就不会与粮食争田地、争肥料、争节令、争人手。小至一株两株，只要几寸土地就可以种植，可以广泛存在于穷乡僻壤，不像甘蔗、漆等受到各种条件的制约。"茶树是山区的代表作物，适合分散劳动力，小门小户，是小农经济的代表。"正因为如此，过去的茶叶经济高度分散，从唐代到晚清，乃至现在，许多被称之为出好茶的地方，都需要茶农一箩筐一箩筐地将茶叶从山里背出来，在某一个地方汇总。

中国高山茶园的推广，不过百年时间。高山茶园成为许多老字号茶企最后的尊严，云南的许多老字号茶企，会在他们自己的茶票上声称，自己选用的原料都是正山茶，而非坝子茶。正山茶就是高山茶，坝子茶就是低海拔茶园茶。

高山，是海拔高的地方，是远离繁华的地方，是难以抵达不被打扰的地方，也是诗意栖居的地方。

审安老人《茶具图赞》

作者介绍

审安老人，生平不详。

原文译注

韦鸿胪[①] 文鼎[②]，景旸[③]，四窗闲叟。

臚 鴻 韋

---

①韦鸿胪：指有竹编外形的茶炉。胪，炉也。鸿胪，指洪炉。古人把皮革称为韦，成语"韦编三绝"是说孔子读书勤奋，把用来编织竹简的皮带子都翻断了。

②文鼎：刻镂花纹的鼎。

③景旸（yáng）：太阳刚刚升起。

赞^①曰：祝融^②司夏，万物焦烁，火炎昆岗^③，玉石俱焚，尔无与焉^④。乃若^⑤不使山谷之英堕于涂炭，子与有力矣。上卿^⑥之号，颇著微称^⑦。

翻译

赞曰：火神掌管夏天，万物都化为焦土，大火烧遍了昆仑山，玉和石块全都烧毁了，但与你却没有关系。至于不使茶这个山谷之精英堕于烂泥和炭火中，你出了大力啊。这上卿之号，是大名用作小称呼。

---

①赞：古代文体名。

②祝融：传说中的火神。

③昆岗：指昆仑山。此句出自《尚书·胤征》："火炎昆岗，玉石俱焚。"意思是大火烧遍了昆仑山，玉和石块全都烧毁。用来比喻好的与坏的同归于尽。

④"尔无与焉"出自《左传》，意思是与你无关。

⑤乃若：至于。

⑥上卿：古代官名。三代时，王室、诸侯国皆设卿，分上、中、下三等，上卿为最高的等级。

⑦颇著微称：以大见小的意思。与见微知著意思相反。

茶炉是诸茶器之首。从陆羽时代开始，风炉就与鼎的形状脱不开关系。《茶经》里说，风炉，"其三足之间设三窗，底一窗以为通飙漏烬之所"，所以叫四扇窗。陆羽介绍喝茶的器具，风炉便是诸器之首。吃茶从点火烧水开始，古今皆然。要不怎么会有"器是茶之父，水是茶之母"的说法。

唐宋时代的茶，主流都是紧压茶，类似今天的普洱茶，压成圆饼，喝茶前需要先炙烤，再分解，最后碾成粉末。蔡襄在《茶录》里讲茶器，第一个出现的便是茶炉，描述得非常细致，只不过其名称叫"茶焙"。茶焙，用竹篾编织而成，裹上柔嫩的香蒲叶，上面用盖盖上，用来聚集火气。中间有隔层，以增加置茶的容量。焙茶时，炭火在茶焙底下，距离茶有一尺左右，要保持恒温，才能保养好茶的色、香、味。

鸿胪，官署名。汉代便有鸿胪寺，专门负责外交事务。南朝刘勰在《文心雕龙·颂赞》里说："故汉置鸿胪，以唱拜为赞，即古之遗语也。"唐朝舒元舆《唐鄂州永兴县重岩寺碑铭》中说："官寺有九，而鸿胪其一，取其实而往来也。胪者，传也，传异方之宾礼仪与其言语也。"南宋没有鸿胪寺，相关礼仪归并到礼部。

喝茶需要懂茶的人来操持，来传导礼仪，大意不得。

木待制[①] 利济[②]，忘机[③]，隔竹居士。

制 待 木

---

①木待制：指捣茶用的工具茶臼，木制品。

②利济：救济，施恩。

③忘机：忘记机心，出自《庄子·外篇·天地》。

赞曰：上应列宿，万民以济①，禀性刚直，摧折强梗，使随方逐圆之徒不能保其身，善则善矣，然非佐以法曹、资之枢密，亦莫能成厥功。

□ 翻译 □

赞曰：向上应和天上众星宿，万民都可以得到救济，本性刚强正直，摧毁骄横跋扈的人，让那些立身行事无定则的人不能保全其身，这样好是好，但要是离开了法曹的辅佐、枢密的帮助，也不会成功。

---

①万民以济：万民都可以得到救济。《周易·系辞下》里说："断木为杵，掘地为臼，臼杵之利，万民以济，盖取诸《小过》。"

待制这个官是唐代设立的，意思是等待诏命。京官中五品以上的轮值中书、门下两省，以备访问。永徽年间，由弘文馆指派学士一人，待制于武德殿西门。宋代沿袭唐制，在各殿阁都设有待制之官，如"保和殿待制""龙图阁待制"之类，典守文物，位在直学士之下，包拯和陆游都做过待制。金、元、明均于翰林院设待制，地位也在直学士之下。

所谓待制，这里就是待炙的意思。接上一个品茶程序，茶饼在茶炉里烤热后，就来到茶臼里解块。蔡襄《茶录》里说："微火炙干，然后碎碾"，"碾茶先以净纸密裹椎碎，然后熟碾"。看来在蔡襄的时代，还没有发明出茶臼。

木待制在今天找不到对应的器物，所以很难找一个恰当的称呼，茶臼、茶槌似乎都不足以匹配。在宋代点茶中，木待制主要功能是帮助那些团茶解块，配合着茶碾与石磨一起使用。看到这个木待制的图，非常期待有人能够还原出来，因为现在普洱茶的沱茶、铁饼都很难解块，用一般的茶针解块，稍不留神就会挂彩。

"忘机"是忘记机心。"机心"是庄子讲的一个故事。

子贡到南边的楚国游历，返回晋国，经过汉水的南边，见一老丈正在菜园里整地开畦，打了一条地道直通到井中，抱着水瓮打水浇地，吃力地来来往往，用力甚多而功效甚少。

子贡见了说："如今有一种机械，每天可以浇灌上百个菜畦，用力很少而功效颇多，老先生您不想试试吗？"种菜的老人抬起头来看着子贡说："应该怎么做呢？"子贡说："用木料加工成机械，后面重而前面轻，提水就像从井中引水似的，快得犹如沸腾的水向外溢出一样，它的名字就叫作桔槔。"种菜的老人面起怒色，讥笑着说："我从我的老师那里听到这样的话，有机械者必有机事，有机事者必有机心；机心留在胸中，那么纯洁空明的心境就不完备；纯洁空明的心境不完备，那么精神就不会专一安定；精神不能专一安定的人，就不能承载大道。我不是不知道你所说的办法，只不过感到羞耻而不愿做。"子贡满面羞愧，低下头去不能作答。

"万民以济"出自《周易·系辞下》："断木为杵，掘地为臼，臼杵之利，万民以济，盖取诸《小过》。"《小过》卦上面是震卦，下面是艮卦，震表示动，艮表示止，上震动有声，接触下面而止，有持杵捣米之象。所以《易传》认为这是古圣王制作的舂米器具，为了方便百姓的日用饮食。

智人有过茹毛饮血时代，连毛带肉一起吃，现在文明了，肉要用火烧烤或煮熟后才吃，农业也有了更大的发展，田地中打来的谷子要去了皮，煮熟了才吃。我们现今的粮食加工技术是从断木为杵、掘地为臼开始演变过来的。

金法曹[①]　研古、轹古，元锴、仲铿[②]，雍之旧民、和琴[③]
先生。

　　曹法金

---

　　①金法曹：指茶碾，金属制品，由碾槽和碾轮构成。
　　②研：磨的意思。轹：碾的意思。元锴喻铁制圆碾轮。仲铿取义于碾茶时
的声音。
　　③和琴：指碾茶时候会发出咚咚咚之声，像古琴伴奏。

赞曰：柔亦不茹，刚亦不吐，圆机^①运用，一皆有法，使强梗者不得殊轨^②乱辙^③，岂不媞欤^④？

⬡ 翻译 ⬡

赞曰：柔和而不忍气吞声，刚强而不露锋芒，圆通机变，根据事物的特性加以利用，一切都有法则，让骄横跋扈的人不会走上不同的轨道、扰乱行车路线，难道有什么不对吗？

---

① 圆机：圆通机变。王通《中说·周公》："安得圆机之士，与之共言九流哉！"下文胡员外部分便有"圆机之士"。

② 殊轨：不同的轨道，比喻差距甚大。

③ 乱辙：扰乱行车路线。

④ 媞：是的意思，最著名的句式是"冒天下之不大媞"。欤通与，在古文中一般表示反问语气。"岂不媞欤"意为"难道有什么不对的吗"。

金法曹，是茶碾，金属钝器。与木制待的功能类似，木制待捣好的茶，要在金法曹里进一步碾成碎茶。

法曹是古代司法官署，亦指掌司法的官吏。这个称谓在日本得到保留，法官、检察官和律师总称为"法曹"，被誉为"法制建设上的三根支柱"。

"柔亦不茹，刚亦不吐"，出自《诗经·大雅·烝民》："人亦有言：柔则茹之，刚则吐之。维仲山甫，柔亦不茹，刚亦不吐。不侮矜寡，不畏强御"，意思是刚强而不露锋芒，柔和而不忍气吞声，形容人刚正不阿，不欺软怕硬。

石转运①　凿齿②，遄行③，香屋④隐君⑤。

连 转 石

---

①石转运：指石磨。

②凿齿：这里指石头上打磨出齿型。工作的时候就像人咀嚼食物。

③遄行：指磨需不停地转圈。

④香屋：石磨磨茶时会发出浓郁的茶香。

⑤隐君：隐士。

赞曰：抱坚质，怀直心，哜嚅^①英华，周行不息^②。斡摘山之利，操漕权之重，循环自常^③，不舍正而适他，虽没齿无怨言^④。

　　🔲 翻译 🔲

　　赞曰：持守坚定的品质，存有正直的心胸，咀嚼精华，不停地转动。掌管摘山的利益，操持漕运的重要权力，一转动便停不下来，不舍去正直又能适应其他事物，终身没有怨恨的话。

_____

①哜嚅（zǔ rú）：咀嚼、体味、钻研之意。

②周行不息：指石磨不停地转圈。

③循环自常：一转动便停不下来。

④没齿无怨言：终身没有怨恨的话，表示发自内心的顺服。语出《论语·宪问》："夺伯氏骈邑三百，饭疏食，没齿无怨言。"

石转运，即茶磨，宋代用来把碎茶磨成茶末的专用工具，常用青石制成。茶叶先用木制待解成大块，再用金法曹碾成小块，然后用石磨磨成细末，体现了宋代对茶精细化的要求。

转运使是官名，唐代设立主管运输米粮、钱币、物资等事务的中央或地方官职。宋初为了集中财权，置都转运使、诸路转运使，掌一路或数路财赋，并监察地方官吏。诸路转运使后来权力扩大，兼理边防、治安、狱讼、钱谷、巡察诸事，实为一路之长官。蔡襄就担任过福建路转运使。

摘山之利，这是一个很有价值的词汇。摘山煮海，摘山这里专门指采摘茶叶，煮海是指煮海水得盐。茶与盐都是政府专卖，在中国历史上，把这种专卖制度称为"官山海"，由管仲提出，有铁、盐、茶等为代表的专卖。宋代有官署名为提举茶盐司，掌摘山煮海之利，以佐国用。现在云南、福建、四川、湖南、湖北、安徽等大部分茶乡，都可以用"摘山之利"来形容。

大型水磨早期主要是磨大豆与面粉，宋代点茶流行，便大规模满足磨茶的需求。高瑄进行过统计，发现"水磨"一词在《宋史》中出现了五十八次，远超前代。宋政府对于水力设施显示出了极大的兴趣，在汴河沿岸，配合兴隆的商业与航运，依靠水力生产的官营手工业不在少数。因为末茶流行，沿河用水磨磨茶的人过多，有一次竟然导致汴河断流，这足以说明宋人对茶之热爱。

胡员外[①]　惟一[②]，宗许[③]，贮月仙翁[④]。

①胡员外：指茶杓，一般用葫芦制成。

②惟一：指用功精深，用心专一。语出《尚书·大禹谟》："人心惟危，道心惟微，惟精惟一，允执厥中。"

③宗、许：量词，如"一宗事""长丈许"，这里强调从茶盏舀茶汤的数量。

④贮月仙翁：苏轼《汲江煎茶》有"大瓢贮月归春瓮，小杓分江入夜瓶"之句。

赞曰：周旋中规①而不逾其闲②，动静有常③而性苦其卓，郁结之患悉能破之，虽中无所有而外能研究，其精微不足以望圆机之士。

翻译

赞曰：交际符合准则而不超过界限，行动和静止有常规而发挥其艰苦努力的性质，那些郁结的弊病都能破除，虽然它中间什么都没有，但外表却可以探究，它的精深微妙不足以和圆通机变之人比较。

---

①周旋中规：出自《礼记·玉藻》："古之君子必佩玉……周还中规，折还中矩，进则揖之，退则扬之，然后玉锵鸣也。"周旋：也叫周还，本为古代行礼时进退揖让的动作，后引申为应酬、交际。中规：合乎准则、要求。

②逾：越过，超过。闲：原本指的是栅栏，可引申为界限。

③动静有常：出自《周易·系辞上》："动静有常，刚柔断矣。"意思是行动和静止都有一定常规，动的时候便动，止的时候便止。

回 细说 回

茶杓由葫芦制成，"员外"暗示"外圆"。员外郎，正员以外的官员，后因此类官职可以捐买，故富豪皆称员外。宋代有一个现象，一些朝中官名在民间被广泛使用，富人叫"员外"，医生叫"大夫"或"郎中"，卖酒者叫"酒博士"，卖茶者叫"茶博士"，撑船篙师叫"长老"，充分体现社会的开放度很高。

过去解释"宗许"，有一种意见认为是以许由为宗，讲许由挂瓢的故事。还有人认为是高士宗炳、许询并称为"宗许"，他们以山水许身，也切题。"惟一"，有人解释为讲颜回一箪食、一瓢饮的乐观故事。这样的解释，看似紧扣"瓢"，但结合起来就看不懂了，这些人与事在这里有啥寓意？特别是顺着这种意见，到了赞词部分，更难解，许多人甚至怀疑这部分是错简。

我推测大家误读的原因，主要是由不了解"茶杓"的用途引起的。

茶杓舀水说，现在已经被否定。在煎茶行为里，用茶杓舀水还说得通，但点茶行为中，烧水用的是汤瓶，不存在舀水环节。

茶杓舀粉说，也被否定了。舀粉就是在石磨细磨茶粉后，把茶粉盛到茶罐里，这似乎说得通，但不符合点茶流程，也得不到相关文献支持。

但如果是舀点好的茶汤，是不是就说得通？

果然，"宗许"怎么看都是量词，比如"一宗事""长丈许"，强调从茶盏舀茶汤的数量，《大观茶论》就讲舀一杓正好一盏，杓大了茶汤就会舀多了，杓小了茶汤又不够一盏，需要再次添加，这样来回倒会影响茶汤的温度。

确定了茶杓是舀茶汤的，之后的赞词也对得上，"周旋中规"本就指应酬自得。要把茶汤分匀非常不易，尤其是一杓正好一盏。

在宋代，点茶使用的盏非常大，但品茶用的盏却小，在大盏里点好的茶汤，要舀到小盏里饮用。分茶给茶客，要分得均匀，每一次下杓都需要极高的水平，这是应酬交际中非常重要的环节。点好的茶汤是一个整体，分杓的时候难免有破坏，这就很考验掌杓人的水平。每个人都知道茶杓中间是空的，但它的外表形状大小还是有讲究的。

罗枢密① 　**若药**②，**传师**③，**思隐寮长**④。

密 框 罗

---

①罗枢密：指罗筛。筛面用罗绢制成。枢密谐音疏密。

②若药：潘岳《射雉赋》里有句"首药绿素"，其注说，"药"在方言里是"缠裹"的意思。这里是说罗筛要用网布来包裹。

③传师：传（傳）通缚，师通筛。

④思隐寮长：思乃容，容乃大。隐乃微，微则小。寮通僚，寮长这里是指茶席席主。

赞曰：机事不密则害成^①。今高者抑之，下者扬之，使精粗不致于混淆，人其难诸？奈何矜^②细行而事喧哗，惜之。

🔲 翻译 🔲

赞曰：机密泄露，就会造成祸害。处在高处的要往下，在下处的要向上，使得精与粗不混淆在一起，人的能力达不到吗？奈何注重小事小节却做事喧哗，可惜啊。

---

①机事不密则害成：出自《汉书·王莽传》，意指机密泄露，就会造成祸害。

②矜：古时候，矜是一种武器，宫廷里作仪仗使用，用于迎接国之贵宾。后引申为对来宾的珍视、器重。

罗筛，绢做成网，固定在木制品上。茶末细碾后，用茶筛来回筛，粗的在上面，细的漏下去。今天依旧有茶筛，不过是用在初制的工序，筛泥巴杂物用的。宋代蔡襄《茶录·茶罗》："茶罗以绝细为佳。罗底用蜀东川鹅溪画绢之密者，投汤中揉洗以幂之。"宋代赵佶《大观茶论·罗碾》："罗欲细而面紧，则绢不泥而常透。"明代朱权《茶谱·茶罗》："茶罗，径五寸，以纱为之。细则茶浮，粗则水浮。"

枢密使，古代官名。枢密院是管理军国要政的最高国务机构之一，枢密使的权力与宰相相当。枢密使一职始置于唐后期，为枢密院长官，以宦官充任，五代时改由士人充任，后又逐渐被武臣所掌握，办事机构也日益完善。为适应连年战争的局面，枢密使把军政大权握于一己之手以便宜从事，枢密使的职掌范围扩大到了极限，枢密使的地位迅速上升。但到了宋代，枢密使制又发生了变化，其任职者由五代时的武将逐渐转为以文官担任，职权范围逐步缩小。

宗从事^①　子弗^②，不遗^③，扫云溪友^④。

---

①宗从事：指茶帚、茶刷，清理茶具用的。宗谐音棕。

②子弗：即是拂子，掸灰尘用的。

③不遗：一点不保留。

④扫云溪友：清理茶渣茶粉都有灰尘，冒起来像云朵；溪友指寄情山水的朋友。

赞曰：孔门高弟，当洒扫应对事之末者^①，亦所不弃，又况能萃其既散，拾其已遗，运寸毫^②而使边尘不飞，功亦善哉。

回 翻译 回

赞曰：孔门弟子，洒水扫地应对琐碎之事，也不会有所遗弃，何况能聚集那些散落的，拾捡丢失的，用茶刷而不让灰尘飞扬，功劳也很大。

---

①洒扫：洒水扫地，泛指家务事。应对：听从呼唤和回答问题。语出《论语·子张》："子夏之门人小子，当洒扫应对进退，则可矣，抑末也。"
②寸毫：一般指代毛笔，这里指茶刷。

　　碾茶、捣茶环节都需要使用茶刷。宗，谐音棕，现代也有许多茶刷是用棕毛制成的。

　　从事是古代官名，也叫从事史、从事掾。汉武帝初设刺史时，从事为刺史属吏之称，分为别驾从事、治中从事等。又有部郡国从事史，大致刺史辖几郡，即设几人，每人主管一郡的文书，察举非法。汉末刺史权重，从事名目更多，文有文学从事、劝学从事等，武有武猛从事、都督从事等，均由刺史自行辟任。北魏孝文帝曾罢诸州从事，依军府之例，置参军。北齐并置从事与参军。隋罢地方官自辟僚属，遂于开皇十二年（592），将诸州从事一律改为参军。北宋时从事为选人阶官名。范仲淹《和章岷从事斗茶歌》里的章岷，当时是他的从事。

　　洒扫应对，宋代好多大儒阐发过。朱熹在《〈大学章句〉序》里说："至于庶人之子弟，皆入小学，而教之以洒扫应对进退之节，礼乐射御书数之文。"陈亮在《经书发题·礼记》里说："今取《曲礼》若《内则》《少仪》诸篇，群而读之，其所载不过日用饮食、洒扫应对之事要，圣人之极致安在？"清代朱彝尊在《重刊〈玉篇〉序》说，宋儒以"洒扫应对进退"为小学，把《说文》《玉篇》这样的经典都置之不顾了。

学问在日常生活里。明代大儒罗近溪曾讲过洒扫应对之事。有一天他正在讲堂讲学，说每个人都可以成为圣人。此时有一端茶童子进来，听讲人就问，那这个童子是否也能做圣人？罗近溪说他早就是圣人。这是为什么呢？这个童子的职务是端茶，他把茶小心谨慎地端来，没有泼，没有洒，端上讲台后，目不斜视地走了，已百分之百尽了职。纵使是孔子来端这茶，孔子也不会比这童子端得更好，这已是止于至善，不能不说他是一个圣人。

钱穆读到这里，很感慨地说，这就是象山先生所言，不识一字，亦可堂堂地做人呐。

孔门弟子里，曾参被后世称为"宗圣"，李觏诗句"孔门有高弟，曾子以孝著"就是说曾参。曾点是曾参的父亲，刘克庄诗句"孔门高弟浴沂水，尧时童子谣康衢"就是说曾点。有一次，孔子与弟子们闲聊，问大家的志向。子路说，一个面临饥荒的千乘大国，由他治理三年后，人民便会勇敢，讲信义。孔子听了笑笑。冉求说，他可以治理一个方圆六七十里的小国，让人民生活满足，至于礼乐文教，就得等待贤君了。公西华则谦虚地说，他并无才能，不过是想学习家国大事。之后，就轮到曾点了。他说，暮春时节，春耕之事完毕，我和五六个成年人，六七个少年，到沂水里游完泳，到舞雩台上吹完风，就唱着歌走回家。孔子听到曾点这么一说，觉得这就是自己向往的生活。

茶刷是喝茶前后期所用之物，往往在人未至或茶尽人散后才发挥作用。许多时候，干大事的时候都是人声鼎沸，有几个人会注意到幕后那些寂寥的辅助者？

漆雕秘阁① 承之，易持②，古台老人③。

阁秘雕漆

---

①漆雕秘阁：指茶托。漆雕表示质地。

②承之，易持：茶托能在下面托着茶盏，容易手持。

③台：器物的底座。宋代程大昌《演繁露·托子》："古者彝有舟，爵有坫，即今俗称台盏之类也。然台盏亦始于盏托，托始于唐，前世无有也。"

赞曰：危而不持，颠而不扶①，则吾斯之未能信②。以其弭执热③之患，无坳堂④之覆，故宜辅以宝文，而亲近君子。

翻译

赞曰：遇到危险不去扶助，摔倒了不去搀扶，我对这事还没有信心。用它来消弭手执灼热之物的弊病，防止热水泼出到堂上的低洼处，所以适宜辅助茶盏，与君子亲密而接近。

---

①危而不持，颠而不扶：出自《论语》，意思是遇到危险不去扶助，摔倒了不去搀扶。

②吾斯之未能信：我对这事还没有信心。出自《论语》，孔子叫漆雕开去做官。他回答说："我对这事还没有信心。"孔子听了很高兴。

③执热：手执灼热之物。《诗经·大雅·桑柔》："谁能执热，逝不以濯。"毛传："濯，所以救热也。"

④坳堂：堂上的低洼处。此句出自《庄子·逍遥游》："且夫水之积也不厚，则其负大舟也无力；覆杯水于坳堂之上，则芥为之舟，置杯焉则胶，水浅而舟大也。"

▣ 细说 ▣

　　漆雕用作工艺的时候，指雕漆。将涂上许多层漆的铜胎或木胎烘干、磨光后，再雕出立体花纹的技术。因漆色不同而有剔红、剔黑、剔黄等名称，其中以剔红漆器最有名。

　　南宋雕漆里比较有名的工艺是"剔犀"，首先用不同颜色的漆，以分层设色的方法涂在制好的胎骨上，然后在漆层上剔刻出图案。雕刻时刀锋斜下，使不同颜色的漆层能够显现，状似犀皮。通常以朱、黑二色为主，且多限于云纹、回形纹几种。

　　孔子有一个高足，叫漆雕开，他有跛脚的残疾，以德行闻名。他主持正义，刚正不阿，主张色不屈于人，目不避其敌，具有"勇者不惧"的美德，扶弱，有胆识，是儒侠的代表。与茶盏的功用很像。

　　秘阁，宋代官名。宋太宗端拱元年（988），在崇文院中堂建阁，称秘阁，收藏三馆书籍珍本及宫廷古画墨迹等，有直秘阁、秘阁校理等管理秘阁事务。元丰改制，并归秘书省。

陶宝文[1]　去越，自厚[2]，兔园上客[3]。

陶 寶 文

---

①陶宝文：指陶做的茶盏。

②越：越是越州，越州青瓷很有名，陆羽《茶经》评为第一。魏野有诗说："鼎是舒州烹始称，瓯除越国贮皆非。"去越，自厚：连起来就是说非越州瓷，有厚度。

③兔园上客：指宋代崇尚建州陶盏，盏壁有兔毫纹。

赞曰：出河滨而无苦窳①。经纬之象，刚柔之理，炳②其绷③中，虚己待物④，不饰外貌，位高秘阁⑤，宜无愧焉。

⑤ 翻译 ⑤

赞曰：出自黄河边的陶器，没有次品。有条理的样子，宽严有度的纹理，绷中明亮，虚心地对待事物，不修饰外貌，位置在秘阁之上，没有什么可以惭愧的。

---

①出河滨而无苦窳：语出刘向《新序·杂事第一》中的"陶于河滨，河滨之陶者器不苦窳"，意思是舜在黄河岸边制作陶器，那里的陶器就完全没有次品了。苦窳（gǔ yǔ）：粗糙质劣的意思。

②炳：明亮，照耀。

③绷：指当中用藤皮、棕绳等物绷紧的竹木框。

④虚己待物：语出《晋书·元帝纪》中的"帝性简俭冲素，容纳直言，虚己待物"，意思是忘掉自己，虚心待物。

⑤位高秘阁：位置高于秘阁。漆雕秘阁部分说辅以宝文碗，这里说宝文碗在漆雕秘阁之上，互为呼应。

宋代点茶，茶色白，适宜用黑盏。建安制造的茶盏颜色黑中带红，釉表面上的白色细纹形状如同兔毫，它的坯胎略微有点厚，烤盏后长时间都不会冷却，是点茶最好用的道具。

宝文阁原名寿昌阁，庆历元年（1041）改名。是宫中一处重要的藏书之所，阁内收藏了仁宗御书、御制文集和英宗御书。宋代治平四年（1067），神宗即位，设置学士、直学士、待制等职，负责管理宝文阁，待遇同龙图阁。

"虚己待物"一句道破这一器皿之功用，也是形容茶器精神最为妥帖的话。《庄子》里说："气也者，虚而待物者也。唯道集虚。虚者，心斋也。"先虚空自己，然后才能包含万物，排除杂念，找到精神修行之法。苏东坡诗云："静故了群动，空故纳万境。"《周易》说"君子藏器于身，待时而动"，讲的也是这个道理。

汤提点① 发新②，一鸣③，温谷遗老④。

點 提 湯

---

①汤提点：指泡茶用的汤瓶。

②发新：谐音"伐薪"，指砍柴烧火。

③一鸣：这里指烧水的声音。

④温谷：温泉。遗老：指改朝换代后仍然效忠前一朝代的老年人。

赞曰：养浩然之气^①，发沸腾之声，以执中之能^②，辅成汤之德^③，斟酌宾主间，功迈仲叔圉^④，然未免外烁之忧，复有内热之患，奈何？

翻译

赞曰：培养浩然之气，发出沸腾的声音，用不偏不倚的才能，辅助商汤之德，在宾主间斟酌，功德超过仲叔圉，然而未免有外烤的忧虑，又有内烫的弊病，有什么办法呢？

---

①浩然之气：正大刚直之气。语出《孟子》："我知言，我善养吾浩然之气。"

②执中：公平适中，不偏不倚，守中正之道，无过与不及。语出《尚书·大禹谟》："人心惟危，道心惟微，惟精惟一，允执厥中。"

③成汤之德：商汤之德。

④仲叔圉（yǔ）：指卫国大夫孔圉，很有外交才能。

提点是宋代官职，宋各路有提点刑狱公事，京畿地区有提点开封府界公事，掌司法与刑狱等事，工部军器所也有提点官。有个电视剧叫《大宋提刑官》，主角宋慈就是此类官员。

成汤之德，即商汤之德。商汤是商朝国君，对禽兽有悲悯心。有一天商汤出游野外，看见猎人四面张布猎网，并向天祷告说："从天空飞降，从地下出现，或从四方来的禽兽，都投入我的网里。"商汤见此情景，感叹地说："猎人这样网罗捕捉，不只手段残酷，而且鸟兽势将绝种，违逆上天好生之德。"因此命除三面猎网，只留一面，改祝祷词说："愿向左的，快往左逃；愿向右的，快往右逃；愿上飞的，速往上飞；愿下逃的，速向下逃；只有命该绝的，才入我的网中。"

仲叔圉，指卫国大夫孔圉，他是聪明好学之人，孔子赞叹他有应对宾主的外交才能，"敏而好学，不耻下问"就说的是他。孔圉死后，被封为孔文子。卫灵公无道，但卫国没有灭亡，季康子不解，孔子说，这是因为卫灵公有三大治国之才，孔圉治理外交，祝鮀辅助内政，加上王孙贾统率军队，卫国又怎么会灭亡？

孔圉的宾客之道是什么？没有私心。

器德是"虚己待物"，汤德则是"无私"，也就是孔子所谓"天无私覆，地无私载，日月无私照"。但是这汤瓶，纵有浩然之气、沸腾之声，但外有火烤，内有热烫，怎么能不煎熬？若不是它无私，也不能成人之美。

竺副帅^①　善调，希点^②，雪涛公子^③。

竺 副 师

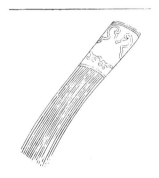

---

①竺副帅：指茶筅，点茶击拂之用具。竺：谐音竹。副：谐音拂。副帅是相对主帅而言，要看主帅是啥职位。

②善调：指善于调茶汤。希点：点是点茶，希是稀的谐音。

③雪涛：指茶汤沫饽丰富。宋人韩驹有《谢人寄茶筅子》："籊籊干霄百尺高，晚年何事困铅刀。看君眉宇真龙种，犹解横身战雪涛。"

赞曰：首阳饿夫^①，毅谏于兵沸之时，方金鼎^②扬汤^③，能探其沸者，几稀？子之清节，独以身试，非临难不顾^④者畴^⑤，见尔。

翻译

赞曰：伯夷、叔齐，在战争期间果断进谏，当时把金鼎里的开水舀起来再倒回去，能够把手伸进开水中的人多么稀少？你有高洁的节操，独自以身试险，不是危难的关头不害怕的人，就显现出来了。

---

①首阳饿夫：指伯夷、叔齐，商末孤竹君的两位王子。孤竹君死后，要叔齐继位，但他不愿意，就让位给伯夷，伯夷也不愿意，他们就跑了。周武王伐纣时，他们二人叩马谏阻未果。武王灭商后，他们耻食周粟，采薇而食，后来饿死于首阳山。

②金鼎：黄金做的鼎。

③扬汤：把锅里的开水舀起来再倒回去，使它凉下来。

④临难不顾：意思是到危难的时候，一点也不怕。出自陈寿《三国志·魏志·齐王房传》："扬六军之大势，安城守之惧心，临难不顾，毕志传命。"

⑤畴：通"俦"，指类、类别。

茶筅出现得较晚，之前点茶都用茶匙。蔡襄写《茶录》时，没有茶筅。到赵佶写《大观茶论》的时候，茶筅才取代茶匙，成为点茶的重要道具。随着点茶的消亡，茶筅也随之消亡。

茶筅在水声鼎沸时，勇于赴汤蹈火、以身试水，置危难生死而不顾，是谓真君子。

清代毛奇龄读到茶筅的时候，已经不知道其用途是什么。他只能从元代谢宗可的咏物诗《茶筅》中想象一番："此君一节莹无瑕，夜听松声漱玉华。万缕引风归蟹眼，半瓶飞雪起龙牙。香凝翠发云生脚，湿满苍髯浪卷花。到手纤毫皆尽力，多因不负玉川家。"

但茶筅在日本抹茶道中一直得以保留。中国当下的点茶复兴，当从这个重要道具中获得过灵感。

司职方^①　成式^②，如素^③，洁斋^④居士。

方　職　司

①司职方：指茶巾。司是"丝"的谐音，职是"织"的谐音。司职方此处指丝织的方巾。

②成式：有一定格式。

③素：没有染色的丝。

④洁斋：净洁身心，诚敬斋戒。

赞曰：互乡^①童子，圣人犹且与其进，况端方^②质素^③，经纬有理，终身涅而不缁^④者，此孔子之所以洁也。

翻译

赞曰：互乡的孩子，孔子尚且给予他们肯定，何况品行端正质朴之人？经纬有条理，终身出淤泥而不染，这就是孔子的圣洁之处。

---

①互乡：《论语》里提到的一个民风不好的地方。

②端方：品行正直。

③质素：质朴。

④涅而不缁：意思是说即便是涅，也染不黑。比喻品格高尚，出淤泥而不染，不受恶劣环境的影响。涅：古代用作黑色染料的矿物；缁：黑色，黑色的帛。

　　陆羽《茶经》介绍：巾，用粗绸子制作，长二尺，做两块，交替使用，以清洁茶具。职方是掌天下地图与四方职贡的官员。方是形状。茶巾与茶筅一道，是饮茶生活中的清道夫。

　　《论语》里说互乡这个地方，民风不好，但孔子还是接待了一个互乡少年，弟子们都迷惑不解。孔子解释说，要肯定人的进步，不能老想着以前的事情。他肯来找我，说明他有洁身上进之心。

　　孔子在鲁国政坛遭到排挤后，带领弟子们周游列国，先后在卫国、宋国等没受到重视，在赴晋的途中，子路劝他不要去投奔赵鞅这种小人，孔子相信自己是君子，"磨而不磷""涅而不缁"，自己的名声不会受损的。

陆羽时代，饮茶需要二十四件工具，有人戏称为"二十四将军"。审安老人图文并茂的《茶具图赞》，把宋代饮茶的常用工具，通过命名、封号、颂赞的方式，为茶器注入人格，共得十二件，故后人称之为"十二先生"。从"将军"到"先生"，喝茶越来越普及，所用的工具也越来越少。

茶器的精神是什么？虚己待物，愉悦他人。

附录 一千年后再弹琴

孔子学琴的故事历代相传。

孔子向师襄学琴，一连十天都弹奏同一首曲子。

师襄说："这首曲子你已经学好啦，可以另学新曲了。"

孔子却说："我已熟悉乐曲的乐调（曲），但还没有掌握技术（数）。"

过了一段时日，师襄说："这首曲子的技术你已经掌握啦，可以另学新曲了。"

孔子说："我还没领会这首曲子的志趣。"

又过了些日子，师襄说："你已经掌握了曲子的志趣啦，可以另学新曲了。"

孔子说："我还不了解作曲者的为人呢。"

又过了些日子，孔子神情俨然，仿佛进到新的境界：时而庄重穆然，若有所思，时而怡然高望。孔子对师襄说："我已经知道作曲者的为人了，那人皮肤黝黑，体形颀长，目光明亮远大，像个统治四方的王者，不是周文王，又会是谁呢?"

听完这段话，师襄离席向孔子拜了两拜，说道："我曾听我的老师说过，这首曲子正是《文王操》。"

师襄是孔子的古琴老师，《史记》里说他"以击磬为官，然能于琴"，师襄弹琴的时候，游鱼都浮出水面听，马儿也忘记了吃草。

孔子为什么学琴？他认为古琴为首的乐有教化作用，能自我愉悦、修身养性的同时，还能匡扶世道人心。

"兴于诗，立于礼，成于乐"，乐是成就人生的艺术。孔子说"韶乐"里渗透的是来自尧舜"仁"的精神，通过音乐，人格可以达到至善之境。这就使得他与琴师师襄对琴的追求有所不同。

孔子学琴的过程，体现了从弹琴技术（曲与数），到个人志趣，再到为仁（为社会）的过程。徐复观在《中国艺术精神》里特别指出，孔子对音乐的学习，是要由技术入手进而深入讨论技术后面的精神，进而把握到此精神具有者的具体人格，这正可以看出一个伟大艺术家的艺术活动的过程。

对乐章后面的人格的把握，即是孔子自己的人格向音乐的沉浸、融合。

《论语·宪问》篇记载："子击磬于卫，有荷蒉而过孔氏之门者曰：'有心哉，击磬乎！'"此一荷蒉的人，从孔子的磬声中，领会到了孔子"吾非斯人之徒与而谁与"（《论语·微子》）的悲愿。由此可知，当孔子击磬时，他的人格是与磬声融为一体的。

孔子在陈绝粮，仍然弦歌不绝。年少时看《泰坦尼克号》，对一个场景印象深刻：大船将沉，那些音乐家依旧很从容地拉着小提琴。

琴声不能救世，但能挽救那颗绝望的心。

孔子过深谷，见兰花生长于幽谷之中，散发出浓郁的芳香，有所感怀，创作了《幽兰操》，空谷幽兰，从不因无人欣赏而不开花。"操"，这里指琴曲。而按照应劭在《风俗通义》里的讲法，就是遭遇困境穷迫，虽有怨恨失意，"犹守礼义，不惧不慑，乐道而不失其操也"。

苏轼心中的偶像陶渊明不懂音律，但他喜欢在家里摆一张无弦琴。

陶渊明后，很多文士都会在自己的家里摆放一张古琴。

"士无故不撤琴瑟"，不会弹也要置放一张琴。

陶渊明就是这样，自己不会弹琴，但他还是在书房里摆放了一张无弦琴，还经常假装在弹奏，"但得琴中趣，何劳弦上声"。

后世弹琴、画琴，除了孔夫子，缅怀最多的大约就是陶渊明。一个真会弹，一个真不会，多么矛盾的组合啊。

宋代有一个人，会弹琴，善说琴理。

他就是范仲淹。

范仲淹曾游学于《琴笺》作者崔遵度门下，向他请教："琴何为是？"

崔遵度回答："清厉而静，和润而远。"

范仲淹思考一番后开悟，道："清厉而弗静，其失也躁。和润而弗远，其失也佞。弗躁弗佞，然后君子，其中和之道欤。"

清厉，形容声音激切高昂，魏晋时候多用来形容人耿介有骨气。

和润，形容声音和谐圆润。远为雅远，意为雅正超俗的意思。

范仲淹在《天竺山日观大师塔记》里说崔遵度之琴用了这几个词："予尝闻故谕德崔公之琴，雅远清静，当代无比。"范仲淹在《与李泰伯书》里也用了"雅远"："虽德业雅远，未称人望，而朝廷奖善，鸿渐于时。"

"清厉而静，和润而远"，这两句话加起来的意思是琴声激切高昂而使人平静，和谐圆润却能雅正超俗。

范仲淹又问崔遵度："这个世上还有谁能与你唱和？"崔遵度回答说："唐子正。"范仲淹闻言大喜。崔遵度去世后，他便写信给唐子正，希望向他学习琴道。在《与唐处士书》里，范仲淹说："盖闻圣人之作琴也，鼓天地之和而和天下。琴之道，大乎哉。"但秦后，礼乐之道尽失。后来的琴只重视美声，侧重技巧，大道也似乎被遗忘了。崔遵度却是一个难得的懂琴道之人："乐于斯，垂五十年，清静平和，性与琴会，著《琴笺》，而自然之义在矣。"

范仲淹学琴，为的是操"尧舜之音"，为的是让上古先贤之风得以留存于世，"爱此千年器"，"如见古人面"。

陶渊明的坦然相告挽救了无数文士。古琴并非一种易学的乐器，很多人都像陶渊明这样，很努力地学，但怎么努力都没学好，只能在书房里把琴作为一种摆设。孔夫子学了三年琴，才有一点点进步。大部分学琴的人一生只会弹奏几首曲子，欧阳修就说自己爱琴声，虽然只弹得好一曲，但已足矣，一生患难，南北奔驰，全靠琴曲忘忧。

古琴能救心，还能救身。欧阳修晚年手指不灵活，去看医生，医生开的处方就是要他多弹弹琴。六一居士，包括琴一张，酒一壶，书一卷。

在《送杨寘序》里，欧阳修说得更明白：

> 夫琴之为技小矣，及其至也，大者为宫，细者为羽，操弦骤作，忽然变之，急者凄然以促，缓者舒然以和，如崩崖裂石、高山出泉，而风雨夜至也。如怨夫寡妇之叹息，雌雄雍雍之相鸣也。其忧深思远，则舜与文王、孔子之遗音也；悲愁感愤，则伯奇孤子、屈原忠臣之所叹也。

欧阳修有幽忧之疾，有点类似精神创伤，在家静养不见好转。他的朋友孙道滋教他弹琴，弹着弹着，他的病就好转了。欧阳修很是感慨，起初以为弹琴不过是小技小艺，没有想到弹琴真的可以治病。

　　他对杨寘说，古琴低音为宫，高音为羽，宫、商、角、徵、羽如果弹好了，就会产生许多不同的音调。快速的曲调能够激发人心，使人感到紧迫，徐缓的音调使人和静。有时好像岩石崩裂，像从高山上泻下的瀑布，又像暴风雨在夜间突然到来。有时像怨夫寡妇的叹息，有时又好像两只相爱的鸟儿在枝头快乐地和鸣。那些忧思深远的琴音，好像是古代虞舜、周文王和孔子遗留下来的音乐。那些悲时、悯世、感怀、忧愤的音乐，就像伊伯奇那样孤苦、像屈原那样忠心为国却遭谗言而让人叹息。

　　总之，古琴是很好的。杨寘现在要去偏远的东南做官，那里缺医少药的，欧阳修真担心这个身体不好的朋友，便送他一张琴，希望能治好他的病。欧阳修还带着他的琴友孙道滋来为杨寘弹琴饯行。杨寘是庆历二年（1042）殿试状元，也是乡试第一、进士第一，罕有的三元。

　　有一次，欧阳修问苏轼，古往今来，写得最好的琴诗是哪一首？

　　苏轼说，是韩愈的《听颖师弹琴》，开篇数语就很棒："昵昵儿女语，恩怨相尔汝。划然变轩昂，勇士赴敌场。"

欧阳修说，这首诗固然奇丽，但不是听琴，是听琵琶。

苏轼有《听贤师琴》，直言自己不懂音律，大约与韩愈一样，分不清古琴还是琵琶。

苏轼在欧阳修身后为古琴《醉翁吟》作词，而《醉翁吟》是古琴家沈遵读了欧阳修《醉翁亭记》后有感而作。文、曲、词的转换，有对才华的认可、欣赏，也有追随经典的意思。

荷兰汉学家高罗佩说，古琴是中国文士生活的象征，放在书斋里能增添特别的气氛，同时也是优雅的装饰品。

在《琴道：论古琴的思想体系》中，高罗佩告诉西方世界他在中国的重要发现：随着时间的流逝，形成了一种关于书斋的固定传统，细说一个文人身边应该具备的东西。砚台摆在书桌上，墨条放在特制的架台上，精心挑选的花被妥适地插在花瓶中，用来洗涤毛笔的古雅容器，安放湿毛笔的架台，镇纸，印章等等。小茶几上应该要有棋盘，另一个桌上要有香炉。所有可利用的角落都摆放着书架，墙上空白的地方要挂上字体优美的诗文或名画的立轴。在干燥的、远离窗户而无阳光照射的墙上，悬挂一张或者多张古琴。

日本的汉学家青木正儿考证中国"琴棋书画"的起源，他认为这其实就是中国士人的精神史。自从书房变成空间场所后，书也从书卷变成了书法："粗略回顾一下这一自成体系的熟语的变迁，四者都作为文雅艺术，被约定俗成地暗指为知识阶层的精神史。最早被开始熟用的是'琴书'一词，'书'所指的'书籍'大约是其原义。读书累了则鼓琴解闷，这一生活常态大概是产生这一熟语的原因。读书本是知识分子的主要特长，作为第二特长，学琴就成了最受重视的风习。这从'琴书'并称自可窥见。后来，'琴书'的'书'意谓书艺，反映了书法成为紧继琴艺后与知识分子密不可分的生活内容而广受重视。于是同气相求，琴艺邀请了棋艺，棋艺招徕了画艺，至此琴棋书画并称，一起代表着知识分子的雅游。"

青木正儿还写有《中华名物考》《中国近世戏曲史》等作品，他与高罗佩一样，是著名的汉学家。

近代以来，中国在研究西方与日本的时候，西方与日本又何尝不在研究中国。有五千年文明的中国有独一无二的审美，有曼妙的风雅文化，具体说来，就是琴棋书画诗酒茶。元人研究宋人，认为那些在皇宫大院的人，让自己显得与众不同与聊以自慰的，便是琴棋书画诗酒茶。

徐复观说，人文的教养愈深，艺术心灵的表现也愈厚。

因此，学问教养之功，通过人格、性情，而依然成为艺术绝不可少的培养、开辟的力量。不过，学问必归于人格、性情，所以艺术家的学问，并不以知识的面貌出现，而是以由知识之助所升华的人格、性情而出现。

琴是这样，画是这样，茶更是如此，其实书法与棋也都是这样，琴棋书画诗酒茶领衔的风雅文化皆是如此。

徐复观说，倘若"学问不归于人格、性情，对艺术家而言，便不是真学问，便与艺术为无干之物"。

孔子之后，有圣人人格；屈原之后，有诗人人格；陶渊明之后，有田园人格；陆羽之后，有茶人人格；范仲淹之后，有士大夫人格。

孔子有周公梦，陶渊明有田园梦，竹林七贤有美酒梦，陆羽有茶人梦。有了各种人格与梦想，历史就不再是干巴巴的记录，而是水灵灵的生命与生活。

修养到最后，是以人格的方式显现，这是艺术的精神，也是常言的道。

2023 年 6 月 16 日